あなたの細胞培養、大丈夫？！ですか

Watch your culture!!

監修
中村幸夫
理化学研究所バイオリソースセンター

編集
西條　薫
理化学研究所バイオリソースセンター

小原有弘
医薬基盤・健康・栄養研究所 JCRB 細胞バンク

ラボの事例から学ぶ
結果を出せる
「培養力」

羊土社
YODOSHA

【注意事項】本書の情報について─────────────────────────
　本書に記載されている内容は，発行時点における最新の情報に基づき，正確を期するよう，執筆者，監修・編者ならびに出版社はそれぞれ最善の努力を払っております．しかし科学・医学・医療の進歩により，定義や概念，技術の操作方法や診療の方針が変更となり，本書をご使用になる時点においては記載された内容が正確かつ完全ではなくなる場合がございます．また，本書に記載されている企業名や商品名，URL等の情報が予告なく変更される場合もございますのでご了承ください．

はじめに

分子生物学的実験手法が一般に広まった頃，「モレキュラーは嘘つかない」という言葉をよく耳にしました（少なくとも，私が所属していた研究室のボスがよく言っていました）．これは，「分子生物学的実験は，結果が明瞭であり，いつ・どこで・誰がやっても再現性のある実験である．」ということを言わんとした言葉です．即ち，その背景にあるのは，「従来の実験手法による結果（論文発表等）には再現性が乏しいものが多い」という思いです．そして，従来の実験手法の代表的なものが，培養細胞を用いた細胞生物学的実験かと思います．

私の経験を紹介します．とある細胞株を使用して，1年以上をかけて出した研究成果を論文として投稿したところ，レビューアーから「あなたが使用している細胞株の特性は，その細胞株の本来の特性とは異なるものであり，実験再現性に疑問がある．」と言われ，リジェクトされました．結果として別の雑誌には発表できたのですが，「培養細胞を用いた研究なんか，もう二度としない！」と心に誓いました．

月日は流れ，私は反省し，気付きました．「悪いのは細胞ではない．細胞に罪はない．悪いのは，標準化された培養細胞を使っていない研究コミュニティであり，標準化された培養方法が広く行き渡っていない研究コミュニティである．」

細胞培養を用いた研究は，「いつでも」「どこでも」「誰でも」比較的簡単に開始できる研究です．しかし，それが故に，細胞培養に精通していない研究者も従事することになることが多いのも事実です．そして，培養系のマイコプラズマによる汚染とか，細胞の取り違えとか，本来の細胞特性の喪失とかが頻繁に発生することになります．これらの事象のすべては，実験再現性のない研究成果を世の中に公表することへとつながり，実施した本人の時間と労力の無駄となるばかりでなく，研究コミュニティに対して大きな混乱と困惑を招きます．「細胞そのもの」と「培養方法」，この両者の標準化なくして，細胞培養を用いた研究は真の科学にはなりえません．

本書が，細胞培養を用いた研究を始めたばかりの研究者の皆様のお役に立つことができれば幸いです．また，経験豊富な研究者の皆様におかれましても，普段の培養をよりよいものにする一助となればと願っております．そして，すべての生命科学研究者が「細胞培養を用いた研究は嘘つかない」と自信を持って言える日が来ることを祈念いたします．

中村幸夫

本書の内容について

第1章 細胞培養の準備はできていますか？
- I 培養液と培養容器 .... Case ①〜⑧
- II 培養に必要となる設備や備品 .... Case ⑨〜⑮
- III 細胞の入手・輸送 .... Case ⑯〜⑱

第2章 細胞の培養操作に慣れていますか？
- IV 基本事項 .... Case ①〜④
- V 細胞数の計測 .... Case ⑤〜⑥
- VI 継代培養の方法 .... Case ⑦〜⑨
- VII 特殊な細胞の培養 .... Case ⑩〜⑫
- VIII 凍結保存 .... Case ⑬〜⑮
- IX 長期使用のための工夫 .... Case ⑯

第3章 細胞の特性解析はできますか？
- X 基本的な品質管理 .... Case ①〜⑤
- XI 特殊な特性解析 .... Case ⑥〜⑨
- XII 細胞の独自性と信頼性 .... Case ⑩〜⑪

第4章 細胞利用に関する規制を知っていますか？
- XIII 知的財産権 .... Case ①〜③
- XIV 安全性 .... Case ④〜⑤
- XV ヒト細胞に関する倫理 .... Case ⑥〜⑦
- XVI 国際条約と国内の法令等 .... Case ⑧〜⑨

次ページから詳しい目次がご覧いただけます➡

本書では実際にラボで起きたトラブルをCaseとして紹介し，関連する知識を解説しています．また各Caseには「常識度」「危険度」のインジケータを表示しています．あくまで目安として習熟度の確認にお役立てください．

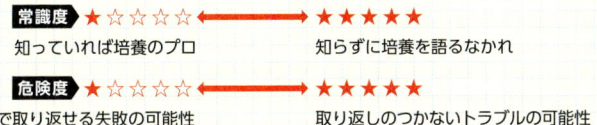

常識度 ★☆☆☆☆ ⬅➡ ★★★★★
知っていれば培養のプロ　　　　知らずに培養を語るなかれ

危険度 ★☆☆☆☆ ⬅➡ ★★★★★
数日で取り返せる失敗の可能性　　取り返しのつかないトラブルの可能性

あなたの細胞培養、大丈夫ですか?!

| はじめに | 3 |

第1章 細胞培養の準備はできていますか？

I 培養液と培養容器

▼キーワード

❶ P.12 「既製培地はボトルを開ければすぐに使える」と思っていませんか？
既製培地，グルタミン不含，必須アミノ酸

❷ P.16 培地カタログの型番違い，「大差ない」と思っていませんか？
基礎培地，標準組成と変法，培地成分の含・不含

❸ P.21 紫色に変色した培地を使っていませんか？
至適pH，重炭酸イオンとCO_2

❹ P.25 血清のロットチェックや熱非働化は「必要ない」と思っていませんか？
血清のロットチェック，熱非働化，再現性

❺ P.29 抗生物質で微生物汚染は防げる！と思っていませんか？
抗生物質使用の弊害，抗生物質の適正使用，適切な無菌操作

❻ P.35 サイトカインの濃度，安易に変えていませんか？
サイトカイン，ED50，unit

❼ P.38 「これでも培養できるし……」という理由で培地を変えていませんか？
培地の系統，馴化，再現性

❽ P.42 培養器の選択，間違っていませんか？
シャーレとフラスコ，閉鎖培養と開放培養，コーティング

II 培養に必要となる設備や備品

▼キーワード

❾ P.45 無菌操作に適した環境が整っていますか？
培養室の清潔管理

❿ P.49 「細胞培養はクリーンベンチで」と思い込んでいませんか？
クリーンベンチ，安全キャビネット，バイオセーフティーレベル（BSL）

⓫ P.53 とりあえず「インキュベーターに入れれば細胞は育つ」と思っていませんか？
CO_2インキュベーターの設定とメンテナンス

⓬ P.60 遠心操作は「低温の方が細胞に優しい」と思っていませんか？
遠心の温度，遠心回転数

CONTENTS

⑬ 位相差顕微鏡のしくみ，知らずに使っていませんか？ … 細胞写真
P.65

⑭ 「滅菌=消毒」だと思っていませんか？ … 滅菌，インジケータ
P.68

⑮ 使用済みの培地を流しに捨てていませんか？ … 産業廃棄物，感染性廃棄物
P.72

Ⅲ 細胞の入手・輸送
▼キーワード

⑯ 細胞の身元不明のまま培養を始めていませんか？ … 細胞の入手方法，培養前の準備，培養方法の確認
P.75

⑰ 「培養している細胞は永久に増やせる」と思っていませんか？ … 有限増殖細胞，クライシス，細胞株
P.82

⑱ 送り先の環境や季節を考慮せずに細胞を輸送していませんか？ … 細胞の梱包，輸送手段と温度，ドライシッパー
P.85

第2章 細胞の培養操作に慣れていますか？

Ⅳ 基本事項
▼キーワード

❶ 「細胞株は変わらない」と思っていませんか？ … 長期培養，継代数，不均一性
P.91

❷ 無菌操作の要点を理解せずに培養していませんか？ … 無菌操作，コンタミ
P.94

❸ 休日を挟んでの培養，油断していませんか？ … 培養管理，炭酸ガス（CO_2），オーバーグロース
P.98

❹ 論文投稿に重要な「培養記録」をちゃんと作成・保存していますか？ … 実験記録
P.101

Ⅴ 細胞数の計測
▼キーワード

❺ 細胞の計数間違い，機械のせいにしていませんか？ … 細胞計数，セルカウンター（自動細胞計数装置）
P.105

❻ 増殖曲線を作製せずに細胞を凍結していませんか？ … 増殖曲線，血球計算盤，凍結
P.110

Ⅵ 継代培養の方法
▼キーワード

❼ 「浮遊細胞の継代なんてワンパターンで簡単!」と思っていませんか？ … 浮遊細胞，継代，細胞密度
P.114

❽ 付着細胞の継代，注意点をいくつ知っていますか？ … 酵素処理，クロスコンタミネーション
P.118

❾ 継代数と細胞分裂回数（PDL）を同じものと思っていませんか？ … PDL／細胞集団倍加回数，継代数
P.122

VII 特殊な細胞の培養

10 「培養しやすさはどの細胞もだいたい同じでしょ」と思っていませんか？
P.125

▼キーワード
特殊な細胞株

11 有限寿命細胞，むやみに分裂させていませんか？
P.131

▼キーワード
プライマリー細胞（初代培養細胞），分裂限界（寿命）

12 同じ組織から分離した細胞はみんな同じだと思っていませんか？
P.135

▼キーワード
個体差，プライマリー細胞（初代培養細胞）

VIII 凍結保存

13 細胞の凍結と融解，のんびりやっていませんか？
P.139

▼キーワード
凍結・融解，DMSO，細胞毒性

14 いつも同じ方法で融解していませんか？
P.144

▼キーワード
凍結保存法，ガラス化法

15 凍結細胞を−80℃で保存していませんか？
P.148

▼キーワード
長期保存，液体窒素

IX 長期使用のための工夫

16 ストックの作製，後回しにしていませんか？
P.152

▼キーワード
マスターストック，ワーキングストック

第3章 細胞の特性解析はできますか？

X 基本的な品質管理

1 微生物汚染をゴミと勘違いして見逃していませんか？
P.156

▼キーワード
培養液の濁り，微生物汚染，セルデブリス

2 目に見えないマイコプラズマ汚染を見過ごしていませんか？
P.160

▼キーワード
マイコプラズマ汚染，マイコプラズマ検査

3 ウイルス汚染を知らないまま細胞を培養していませんか？
P.165

▼キーワード
ウイルス産生細胞，ウイルス汚染，ウイルスチェック

4 培養細胞・ヒト試料からの感染リスクを理解していますか？
P.169

▼キーワード
ヒト感染性ウイルス，ウイルス検査

5 あなたの使っている細胞は本当に正しい細胞ですか？
P.172

▼キーワード
クロスコンタミネーション（細胞誤認），STR検査

XI 特殊な特性解析

6 染色体が正常か異常かわからないまま培養していませんか？
P.177

▼キーワード
染色体解析，シングルセル解析，低張液処理

7 培養はOK……では発現解析の準備はできていますか？
P.182

▼キーワード
発現解析

8 分化誘導実験，定期的にストックに立ち返っていますか？
P.187

▼キーワード
ES/iPS細胞，分化能解析，未分化性確認

⑨ P.190	生体から取り出した細胞の性質が培養中も保たれていると思っていませんか？		*in vivo*での再現性, 性質の変化

XII 細胞の独自性と信頼性　　▼キーワード

⑩ P.194	「細胞の名前はその細胞固有のもの」と信じていませんか？		細胞名, 細胞バンク, 取り違い
⑪ P.197	論文投稿規定を満たせる細胞品質管理ができていますか？		論文投稿規定, 細胞品質管理

第4章 細胞利用に関する規制を知っていますか？

XIII 知的財産権　　▼キーワード

① P.200	他人の財産権を侵害していませんか？		知的財産権
② P.205	安易な気持ちで細胞入手を考えていませんか？		細胞入手, 細胞分与
③ P.209	企業との共同研究における細胞使用, 研究者どうしと同じに考えていませんか？		企業との共同研究, 営利目的利用

XIV 安全性　　▼キーワード

④ P.212	培養細胞のバイオセーフティーレベル（BSL）に注意をしていますか？		バイオセーフティーレベル（BSL）, ヒト試料
⑤ P.216	「遺伝子組換え細胞は遺伝子組換え生物に該当する」と思っていませんか？		遺伝子組換え生物, カルタヘナ法

XV ヒト細胞に関する倫理　　▼キーワード

⑥ P.219	ヒト細胞を用いた解析, インフォームド・コンセントは十分ですか？		インフォームド・コンセント（IC）, 倫理指針, ヒト細胞
⑦ P.223	そのヒトES/iPS細胞実験, 倫理規制に反していませんか？		ES/iPS細胞

XVI 国際条約と国内の法令等　　▼キーワード

⑧ P.228	国際条約を無視して細胞を国外輸送しようとしていませんか？		安全保障貿易管理, ワシントン条約
⑨ P.233	細胞利用に関連する法令や指針を守っていますか？		動物実験

おわりに ………………………………………………………………… 238
付表ダウンロードのご案内 ………………………………………… 240
索引 ……………………………………………………………………… 242

編著者一覧

監修

中村　幸夫
（理化学研究所バイオリソースセンター）

編集

西條　薫
（理化学研究所バイオリソースセンター）

小原　有弘
（医薬基盤・健康・栄養研究所 JCRB 細胞バンク）

執筆 (五十音順)

**理化学研究所
バイオリソースセンター**

飯村　恵美
栗田　香苗
西條　薫
須藤　和寛
中村　幸夫
永吉満利子
野口　道也
寛山　隆
藤岡　剛

**医薬基盤・健康・栄養研究所
JCRB 細胞バンク**

家村　将士
池田　弘美
大谷　梓
小澤みどり
笠井　文生
河上　晃平
川口　英子
小阪　拓男
小原　有弘
佐藤　元信
塩田　節子
田澤　隆治
平山　知子

あなたの
細胞培養、
大丈夫?!
ですか

ラボの事例から学ぶ
結果を出せる「培養力」

第1章 細胞培養の準備はできていますか？　Ⅰ 培養液と培養容器

1 「既製培地はボトルを開ければすぐに使える」と思っていませんか？

Case

常識度 ★★★☆☆　　危険度 ★☆☆☆☆

とある日曜日，大学院生のS君は，培養中の細胞を継代するためにラボに来ました．「さっさと継代して帰ろう」．そう思ったS君ですが，数日前の継代で培地を使い切ってしまったことを思い出しました．冷蔵庫を探したところ，幸い同じ培地名がラベルされているボトル（新品）が見つかったので，このボトルの培地を用いて，いつもどおり継代をして帰宅しました．2日後，シャーレを覗くと細胞はほとんど増殖せず，それどころか一部は死滅していました……．

キーワード ▶ 既製培地，グルタミン不含，必須アミノ酸

便利な既製培地ですが……

　最近は，調製済みの液体培地が一般的に用いられるようになり，とても便利になりました．では，既製培地なのになぜ細胞の調子が悪くなってしまったのでしょう．「血清を加えて培養すべき細胞で，加えずに培養してしまった」というような場合は論外ですが，このような事例で最も多い原因は培地の確認不足，あるいは培地についての知識不足によるトラブルです．培地のラベルをよく見ると，培地の名称の他に「L-グルタミン含有（with L-glutamine）」，「炭酸水素ナトリウム含有（with sodium bicarbonate）」のように但し書きがあることに気がつくでしょう．S君が使った培地では，ラベルに「L-グルタミン不含（without L-glutamine）」と書かれていました．S君の場合は，この製品を使ったために細胞が増えなくなってしまったのでした．

　グルタミンは，培養細胞にとって必須のアミノ酸なのです．しかし疑問に

思うのは,「じゃあ,なぜそのような製品が販売されているのか……」ということでしょう.それにはちゃんと理由があります.グルタミンは水溶液状態で不安定な成分であり,しだいに分解するのです.例えば,細胞培養用のRPMI 1640では,4℃で2カ月保存するとグルタミン濃度が約20％減少,20℃では約50％減少したという報告があります[1].さらに悪いことには,分解産物としてアンモニアを生成します.このため,「研究者がグルタミン不含の培地として保存しておき,必要時に添加して使えるように……」と考えられた製品がラインナップされているわけです.

ところが,培地についての知識が不足しているとこんなことはわかりません.昨今では多くのライフサイエンス研究用試薬やキットにみられるように,使いやすさが優先されて利用者の中身についての理解が進まないことや,実験手法がマニュアル化されて原理を学ぼうとしないことがその根底にあると思われます.ぜひ,培地の成り立ちを知るように心がけてください.

培地の成り立ち

細胞培養によく使われる培地として,Eagleの最少必須培地[※1]があります.これを例にとって培地の成り立ちを見てみましょう.

細胞や組織を洗ったり短時間生かしておくために,浸透圧やイオン,pHが生体環境に近くなるように工夫された,平衡塩類溶液(balanced salt solution:BSS)や生理的食塩水が用いられます.PBSはみなさんよく御存じでしょう.Hanks液(HBSS)も今日広く用いられています.Hanks液は,CO_2インキュベーターを使わない閉鎖系の下で生理的pHに保持するように工夫されています.一方,炭酸水素ナトリウムの量を増やして,5％ CO_2 気相下でpHを緩衝するようにされた,Earle液(EBSS)も考案されました.Hanks液もEarle液も食塩水を基礎として,カリウム,カルシウム,マグネシウム,リン酸などの無機塩,グルコースを含む単純な組成の溶液です.

さて,このような平衡塩類溶液を土台として細胞を増殖させることができる培地を開発しようというのは自然な流れで,アミノ酸やビタミン,脂質などを加えたさまざまな培地が開発されました.Eagle博士は,細胞の無機塩・アミノ酸要求性,細胞内の遊離アミノ酸量などを調べ,できるだけ単純な組

※1:minimum essential medium:MEM.開発者名を付けて,EMEMのように表記されることが多い.

成の合成培地を作製することを目指しました．こうして開発されたMEMは，Earle液，またはHanks液の組成をベースとして，13種類のアミノ酸，8種類のビタミンを加えた培地です[2]．Earle液を基礎とした処方は5% CO_2インキュベーターで使用することを前提としたもの，Hanks液を基礎とした処方は通常の大気組成下，閉鎖系で使用することを前提とした処方です．MEMは5〜10%の血清を加えるとさまざまな細胞の培養に用いることができることがわかり，今日用いられる多くの合成培地の基礎となりました．生物のタンパク質を構成する20種のアミノ酸のうち，MEMに含まれるアミノ酸13種類は，MEMの必須アミノ酸と呼ばれます．残りの7種のアミノ酸はMEMの非必須アミノ酸と呼ばれます[※2]．グルタミンは，必須アミノ酸の1つです．したがって，おそらくどんな培地でもグルタミンは必要不可欠な成分だろう……と推測できるわけです（詳しくは第1章-2も参照）．

基礎培地と完全培地

さて，ここに示したMEMは基礎培地（basal medium）と呼ばれるもの

コラム

えっ，1%グルタミン？

Ready to useの製品に頼りすぎていることを顕著に示す事例をご紹介しましょう．論文を読んでいると，次のような文章に出くわすことがあります．
「○○ cells were cultivated in MEM with 1 % glutamine and 10 % FBS」．
えっ！1%グルタミンですって？経験豊富な方なら，おそらく市販のMEMグルタミン100×溶液（200 mM）を1%容量加えたんだな……と気が付くはずですが，こんな表現が結構堂々と出ています．ここは，最終的な濃度で「MEM with 2 mM glutamine」と記載すべきところですが，まだ違和感を覚えます．MEMは規定の組成としてグルタミンを含むのです．単に「MEM with 10 % FBS」でもよいはずです．
一方，市販の基礎培地ではグルタミン不含の製品がとても多く，間違いを防ぐためにあえて記載しているケースもあるかもしれません．逆に，論文や細胞のデータシートに単にMEMと書いてあったら，それは必ずグルタミンを含んだものと判断しなければなりません．これはどんな種類の培地でも同じです．

※2：ここで言う必須アミノ酸はヒトや動物細胞培養用の培地におけるものです．ヒトが食物などから摂取しなければならない必須アミノ酸とは異なります．

で，MEMの他にもさまざまな種類があります．今日よく用いられている基礎培地としては，DMEM（Dulbecco's modified Eagle's medium）[※3]，RPMI 1640培地，Ham's F12培地などがあります（第1章-2，7参照）．これらの基礎培地は，通常は牛胎仔血清や増殖因子などの添加物を加えて使用することが前提です．すべての添加物が加えられ，細胞が培養できる組成となった培地を完全培地（complete medium）と呼びます[※4]．

（佐藤元信）

細胞の声
隠し味　愛情じゃなくて　添加物
既製培地であっても組成を理解して
必要な成分を加える一手間が大切です．

参考文献
1) Heeneman S, et al：J Immunol Methods, 166：85-91, 1993
2) Eagle H：Science, 130：432-437, 1959

※3：今日DMEMまたはD-MEMと記載されることが多いですが，最少必須培地のMEMとは語義が違い，またDulbecco博士が改変したのはMEMではないので，当初はDMEと略すことが推奨されています．

※4：最近，正常細胞とあわせて販売されている専用培地に，○BMのような名称の製品がありますが，BMはbasal mediumの略であり，この培地に各々指定された添加物を加えて完全培地にする必要があることに注意してください．

第1章 細胞培養の準備はできていますか？　Ⅰ 培養液と培養容器

2 培地カタログの型番違い，「大差ない」と思っていませんか？

Case

常識度 ★★☆☆☆　　危険度 ★☆☆☆☆

大学院生のS君は，K先生から文献を渡され，「来週から新しい細胞の培養をはじめるので培地や試薬を用意しておいてください．」と命じられました．文献には「DMEM＋10％FBSで培養する」と書いてあります．あいにくS君のラボではこの培地を使ったことがなかったため，S君は試薬メーカーのウェブサイトで早速DMEMを検索しました．すると，なんと20種類以上のDMEMが．「えっ，DMEMはそんなにたくさん種類があるの……」とS君は絶句．「まあ成分に抜けがなければ間違いはなかろう．むぅ，高グルコースと低グルコースがあるのか．これも高グルコースの方が細胞によさそう……」と高グルコースのDMEMを購入しました．ところがその培地で培養を開始したところ，どうも細胞の調子が悪いのです．

キーワード ▶ 基礎培地，標準組成と変法，培地成分の含・不含

リッチな組成が必ずしも正しいとは限らない

　各種の基礎培地には必ず標準の組成が存在しています．DMEMと単に書いてあったら，それは標準の組成のものを指します．DMEMに何十種類もあるわけではなく，培地メーカーが，保存性を考えてある成分を後から添加するように変えたものを製品化したり，研究者のニーズに応じてマイナーな改変が加えられた培地を製品化したりしているうちに，どんどん型番が増えてきてしまったわけです．

さて，DMEMの標準の組成では，グルコース濃度は1 g/Lです．実は，高グルコース（4.5 g/L）は，もともとのDMEMの処方ではない変法です[※1]．高グルコースの処方が製品化されたため，その対比として本来のグルコース濃度のDMEMが「低グルコース」という製品名になっているわけです．S君が誤解してしまうのも無理はないかもしれません．では，なぜ細胞の調子が悪くなってしまったのか……と言うと培地への細胞の馴化の問題が絡んできます．それは第1章-7で述べましょう．

それにしても，さすがに同じ培地で数十種類もの型番がカタログに並んでいたら，選択するのはたいへんです．メーカーのカタログには，それぞれの型番の組成表が載っていますが，どれが標準のオリジナル処方なのか明示されていないことも多いのです．そこで，この節の後に使用頻度が特に高い基礎培地として，MEM[1]，DMEM[2) 3)]，RPMI 1640[4]，Ham's F12[5]の標準の組成表（p.20参照）を示しました．また，第1章-1のグルタミンのケースのように，基礎培地では通常は含まれるもの，含まれないもの，のような一定の原則がありますので，次にご紹介しましょう．

培地成分の含・不含の判断

1 炭酸水素ナトリウム（NaHCO$_3$：sodium bicarbonate）

各種基礎培地の必須成分です．ただし，pHを利用者が調整できるようにするために，市販の製品には含まれない場合があります．また，加熱に弱い（重炭酸イオンがCO_2に分解して大気中へ放出されてしまう．後述）ため，オートクレーブ可能製品には含まれていません．いずれにしても，最終的には炭酸水素ナトリウムが含まれている必要があり，不含の製品の場合には，無菌的に加える必要があります．

2 L-グルタミン（L-glutamine）

各種基礎培地の必須成分です．しかし，第1章-1で述べたように水溶液状態で不安定な成分であるため，市販製品では含まれていないものがあります．また，加熱に弱いため，オートクレーブ可能な製品には含まれていません．不含の製品の場合には，最終的に無菌的に加える必要があります．

※1：標準の組成に改変が加えられている場合には，たとえば「DMEM（high glucose modification）」のように記載することが原則です．

L-グルタミンの安定な代替物としてL-alanyl L-glutamine[※2]が添加されている製品もあります．一般的な基礎培地の本来の組成ではないことを気に留める必要がありますが，培養には問題ありません．

グルタミン不含の培地に添加する際に便利な製品として，100×L-グルタミン溶液が市販されています．この溶液はMEMのグルタミン濃度（292 mg/L＝2 mM）を基準につくられています．L-グルタミンの規定の濃度は基礎培地の種類によって異なりますから，どの培地に対しても一律に1％添加すればよいというわけではないことに注意してください．たとえば，DMEMの規定のグルタミン濃度は4 mMです．

3 フェノールレッド（phenol red：phenolsulfonphthalein）

pH指示薬で，ほとんどの基礎培地に含まれる規定の成分です．しかし，一部の市販の製品には含まれていません．これはフェノールレッドに弱いエストロゲン活性があり，ホルモンのアッセイなどに影響を与えることがあるためです．通常はフェノールレッドが入っていて問題ありません．

4 HEPES〔4-(2-hydroxyethyl)-1-piperazineethanesulfonic acid〕

MEM，DMEM，Ham's F12，RPMI 1640などの古典的な培地では標準の処方に含まれない成分です．pHを強く安定化するためにHEPESを加えて培養する場合があり，市販品はそれに対応したものです．主に10〜25 mM程度で使用されますが，浸透圧への影響が大きいので，HEPES含有製品ではその分塩化ナトリウム濃度などが落とされています．MCDB系の培地にはHEPESが規定の成分として含まれます．

なお，100 mMのHEPESは細胞毒性を示します[6]．これより低濃度でも細胞の種類によっては毒性が全くないとは断言できませんので，新たにHEPES含有培地に変更して培養する際は検討が必要と思われます．

5 非必須アミノ酸（non-essential amino acids：NEAA）

MEMの規定の成分には含まれません．MEMのサプリメントとして提案されたもので，7種の非必須アミノ酸[※3]の最終濃度はそれぞれ0.1 mMとなります．100×溶液が市販されています．この溶液を添加すると培地pHがかなり下がりますので注意してください．

※2：GIBCOブランドの培地ではGlutaMAX名で製品化されています．
※3：アラニン，アスパラギン，アスパラギン酸，グルタミン酸，セリン，プロリン，グリシン．

6 ピルビン酸ナトリウム (sodium pyruvate：Na-pyruvate)

　DMEMにはピルビン酸ナトリウム含・不含の製品があります．Dulbeccoらの最初の報告ではピルビン酸ナトリウムは入っていないのですが，その後改変によりピルビン酸含有が標準の処方とされています．ピルビン酸はTCAサイクルの出発物質であり，エネルギー産生に良好な影響を与えると思われます．非必須アミノ酸同様，MEMのサプリメントの1つとして提案され，最終濃度は1 mM（110 mg/L）です．

7 DMEMのhigh glucoseとlow glucose

　低グルコースの方が，DMEMの規定の組成であることはすでに述べました．高グルコース変法は，ヒトがん細胞に由来する細胞株で使われることがよくあります．がん細胞ではワールブルグ効果で解糖系の代謝が昂進しており，解糖系の出発物質であるグルコースの濃度を高めると増殖などがよくなることがあるようです．

（佐藤元信）

細胞の声
見極めよう　標準組成と　含・不含
メーカーのカタログから目的の培地を選択するには標準組成を知っていることが大事です．

参考文献
1) Eagle H：Science, 130：432-437, 1959
2) Dulbecco R & Freeman G：Virology, 8：396-397, 1959
3) Morton HJ：In Vitro, 6：89-108, 1970
4) Moor GE, et al：J Amer Med Assoc, 199：519-524, 1967
5) Ham RG：Proc Natl Acad Sci USA, 53：288-293, 1965
6) Shipman C Jr：Proc Soc Exp Biol Med, 130：305-310, 1969

表 基礎培地の標準組成表 (mg/L)

Eagle's minimum essential medium (MEM；EMEM)*

無機塩		アミノ酸		L-Tryptophan	10	Pyridoxal	1
NaCl	6800	L-Cystine	24	L-Tyrosine	36	Riboflavin	0.1
KCl	400	L-Glutamine	292	L-Valine	46	Thiamine	1
CaCl₂	200	L-Histidine	31	ビタミン		その他	
MgCl₂・6H₂O	200	L-Isoleucine	52	Choline	1	D-Glucose	1000
NaH₂PO₄・12H₂O	150	L-Leucine	52	Folic acid	1	Phenol red	-**
NaHCO₃	2000	L-Lysine	58	Inositol	2		
アミノ酸		L-Methione	15	Nicotinamide	1		
L-Arginine	105	L-Phenylalanine	32	Pantothenic acid	1		
		L-Threonine	48				

Dulbecco's modified Eagle's medium (DMEM；DME)***

無機塩				L-Threonine	95.2	Pyridoxal・HCl	4
NaCl	6400	L-Cystine	48	L-Tryptophan	16	Riboflavin	0.4
KCl	400	L-Glutamine	584	L-Tyrosine	72	Thiamine・HCl	4
CaCl₂	200	Glycine	30	L-Valine	93.6	その他	
MgSO₄・7H₂O	200	L-Histidine・HCl・H₂O	42	ビタミン		D-Glucose	1000
NaH₂PO₄	125	L-Isoleucine	104.8	Choline chloride	4	Sodium pyruvate	110
NaHCO₃	3700	L-Leucine	104.8	Folic acid	4	Phenol red	15
Fe(NO₃)₃・9H₂O	0.1	L-Lysine・HCl	146.2	Inositol	7		
アミノ酸		L-Methione	30	Nicotinamide	4		
L-Arginine・HCl	84	L-Phenylalanine	66	Ca Pantothenate	4		
		L-Serine	42				

RPMI 1640 medium

無機塩		L-Glutamic acid	20	L-Threonine	20	Inositol	35
NaCl	6000	L-Glutamine	300	L-Tryptophan	5	Nicotinamide	1
KCl	400	Glycine	10	L-Tyrosine	20	Ca Pantothenate	0.25
Ca(NO₃)₂・4H₂O	100	L-Histidine	15	L-Valine	20	Pyrodoxine・HCl	1
MgSO₄・7H₂O	100	L-Hydroxyproline	20	ビタミン		Riboflavin	0.2
Na₂HPO₄・7H₂O	1512	L-Isoleucine	50	p-Aminobenzoic acid	1	Thiamine・HCl	1
NaHCO₃	2000	L-Leucine	50			その他	
アミノ酸		L-Lysine・HCl	40	Biotin	0.2	D-Glucose	2000
L-Arginine	200	L-Methione	15	Choline chloride	3	Glutathione (reduced)	1
L-Asparagine	50	L-Phenylalanine	15	Cyanocobalamin (Vitamin B₁₂)	0.005	Phenol red	5
L-Aspartic acid	20	L-Proline	20				
L-Cystine	50	L-Serine	30	Folic acid	1		

Ham's F12 medium (nutrient mixture F12)****

無機塩		L-Asparagine	13.2	L-Serine	10.5	Ca Pantothenate	0.477
NaCl	7598	L-Aspartic acid	13.3	L-Threonine	11.9	Pyrodoxine・HCl	0.062
KCl	224	L-Cysteine・HCl	31.5	L-Tryptophan	2	Riboflavin	0.038
CaCl₂・2H₂O	44	L-Glutamic acid	14.7	L-Tyrosine	5.4	Thiamine・HCl	0.337
MgCl₂・6H₂O	122	L-Glutamine	146	L-Valine	11.7	その他	
Na₂HPO₄・7H₂O	268	Glycine	7.5	ビタミン		D-Glucose	1800
NaHCO₃	1176	L-Histidine・HCl	21	Biotin	0.0073	Sodium pyruvate	110
FeSO₄・7H₂O	0.834	L-Isoleucine	3.9	Choline chloride	14	Hypoxanthine	4.08
CuSO₄・5H₂O	0.0025	L-Leucine	13.1	Cyanocobalamin (vitamin B₁₂)	1.36	Linoleic acid	0.084
ZnSO₄・7H₂O	0.863	L-Lysine・HCl	36.5			Lipoic acid	0.206
アミノ酸		L-Methione	4.5	Folic acid	1.32	Putrecine・2HCl	0.161
L-Alanine	8.9	L-Phenylalanine	5	Inositol	18	Thymidine	0.726
L-Arginine・HCl	211	L-Proline	34.5	Nicotinamide	0.037	Phenol red	1.17

*：5% CO₂ 気相下での使用を前提とした処方（Earle's salts）を示す．

**：Eagle の原著では phenol red は記載されていない．現在の市販品では一般的に含まれている．

***：Dulbecco らの初報から改変され，Tissue Culture Association の標準化委員会の要請により Morton が調査し，1970年に記載した組成を示す．現在の市販 DMEM はこの処方にもとづく．

****：原著論文ではモル濃度で記されている．

あなたの細胞培養、大丈夫ですか？!

第1章 細胞培養の準備はできていますか？　I 培養液と培養容器

3 紫色に変色した培地を使っていませんか？

Case

常識度 ★★★★☆　　危険度 ★☆☆☆☆

S君のラボでは，ヒトの血球系の細胞株を扱っています．夏休み明けで，今日は細胞を解凍して培養を再開する日．S君は，休み前にその細胞の培養に使っていた血清入り培地を冷蔵庫から取り出しました．残り少なくなっていた培地を見ると，かなり紫色を帯びています．「大丈夫かな？」と思いつつも，「シャーレをCO_2インキュベーターに入れればpHも復活するだろうし，まっ，いいか……」とS君，凍結バイアルを解凍し，その培地を使ってそそくさと細胞をディッシュに蒔いて帰宅しました．ところがその細胞，翌日顕微鏡で見てみると全滅していたのです．

キーワード ▶ 至適pH，重炭酸イオンとCO_2

わかっちゃいるけどやめられない

　これは自業自得というものです．すこし古い培地を使ったこともそうですが，pHが極端に上がった培地を使ったことは致命的でした．細胞培養におけるpHの大事さは知識としてはよくわかっているはず．にもかかわらず，たぶん大丈夫だろうと軽視してしまう局面はそこかしこにみられます．あらためて強調しておきますが，培地のpHは相当重要です．そもそも，培地の成り立ちは，細胞や組織を生理的な状態におくための平衡塩類溶液を基礎としたものでした．その平衡塩類溶液の大きな役割の1つは，pHを緩衝することなのです．

　細胞を培養する際の適正なpHは7.2〜7.6とされています（細胞の種類に

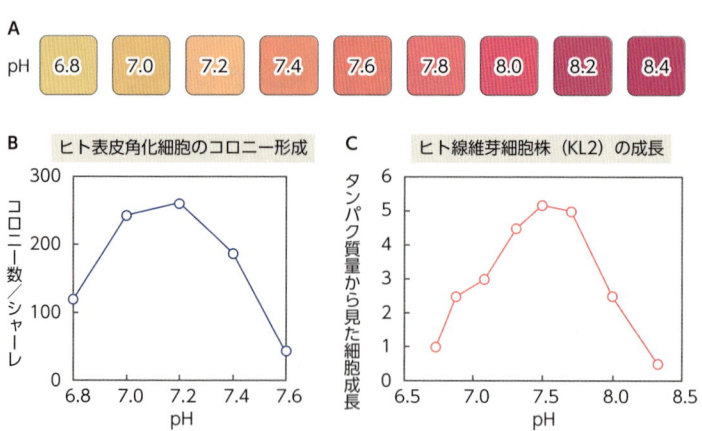

図 細胞に対するpHの影響
A) フェノールレッドのpHによる呈色（埼玉大学教育学部化学研究室HP「pH指示薬の変色域，色見本とRGB値」[1]）に記された中村理化SZK標準管のRGB実測値にもとづき作図）．**B)** ヒト表皮角化細胞のコロニー形成へのpHの影響（文献2, Fig. 3より一部引用）．**C)** ヒト皮膚線維芽細胞株KL2の成長に対するpHの影響（文献3, Fig. 3より一部引用）．

よって至適pHは若干変わります）．培地には多くの場合pH指示薬としてフェノールレッドが微量添加されており，その呈色によっておよそのpHがわかります（図A）．少しでも紫色がかっていたら，かなりアルカリ側に傾いていることがご覧いただけるでしょうか．極端な低pH，高pHでは細胞増殖や機能に悪影響を及ぼすことがわかっています（図B, C）※．経験的には，特に解凍時や低細胞密度時など細胞が過酷な環境におかれている際に極端な高pHは強いダメージを与え，増殖不良を引き起こしたり，場合によっては死滅を招くこともあります．

pHが上がる仕組み

基礎培地は，そのほとんどが5% CO_2インキュベーターでの使用を前提として炭酸水素ナトリウムを添加することでpHが緩衝されています．炭酸水素ナトリウムは水溶液中では完全解離して重炭酸イオンHCO_3^-を生じ，中性付近では次のような平衡状態をとります．

$HCO_3^- + H_2O \rightleftarrows H_2CO_3 + OH^-$（重炭酸イオン系による培地のpH緩衝）
$H_2CO_3 \rightleftarrows H_2O + CO_2$（培地と気相との間で起こっている平衡）

※：図の至適pHはその文献で使われた実験条件下のもので，必ずしも一般化はできません．

式を清算すると，

$$HCO_3^- \rightleftarrows CO_2 + OH^-$$

CO_2分圧を高くしておくことで，重炭酸イオンの濃度を高い状態に保ちpHを強く緩衝することができるわけです．一方，これには大きな欠点があって，CO_2分圧が下がれば，平衡は右に移動し（CO_2が培地から抜けて）溶液はアルカリに傾くことがわかります．5％CO_2インキュベーターから培養シャーレを取り出してしばらくするとpHが上がるのはこのような仕組みです．

pHを適正に保つためには

1 培地調製時の注意

まず，培地を調製する際にpHを適正に調整する必要があります．炭酸水素ナトリウム不含の培地が販売されているのは，pHを研究者が任意に調整できるようにするためです．炭酸水素ナトリウム量は培地の種類によって規定の数値がありますが，元来の目的はpHを生理的条件に保つためですので，適正pHになるように量を調節することは問題ありません．炭酸水素ナトリウム濃度を変えられない場合には少量の塩酸や水酸化ナトリウムを用いて構いません．

粉末培地から調製した培地を濾過滅菌する際には注意が必要です．炭酸水素ナトリウムを含む培地を減圧濾過するとCO_2が抜けてしまい，pHの調整が難しくなります．この場合には，先に炭酸水素ナトリウムを加えるのではなく，濾過滅菌後に無菌的に7.5〜10％炭酸水素ナトリウム水溶液を必要量添加します．

さらに，非必須アミノ酸などの添加物を加えてもpHが変わることに注意してください．

2 培地は分注してできるだけ早く使い切る

もっとも多く起こりうるのは，培地を調製してから日が経ったり，培地ビンの液量が少なくなってCO_2が抜け，pHが上がるケースです．これを防ぐには，培地をできるだけ早く使い切ってしまうことです．さらに，培地を調製したら分注，密栓して保存し，日々の培養操作ごとに分注培地を使うと安全です．また，分注した培地を使うことでクロスコンタミネーションの危険を減らすことができます．

3 細胞の種類や状態にあわせてpHを調整する

　細胞によっては，乳酸を大量に産生するような種類のものがあります．また，細胞密度が高かったり，代謝が活発な場合にも培地のpHがすぐに下がります．このような場合にはあらかじめpHを高めに調整しておくことも対応策として考えられます．逆にクローニング時など，細胞密度が低い状態で維持する必要があり，かえってpHが上がることが危惧されるような場合にはあらかじめpHを低めに調整した培地を使うことが考えられます．

4 上がってしまったpHを適正に戻す

　CO_2が抜けて，アルカリに傾いてしまった培地のpHを適正に戻したい場合，次のような方法があります．1つは正攻法で，CO_2インキュベーターなどの配管からCO_2を導入し，フィルターのついたピペットなどを通して無菌的に培地にバブリングしてpHをもとに戻します．もう1つはあまり推奨はしかねるものの，培地ビンのフタを少し緩め，5% CO_2インキュベーター中でガス交換させて平衡化する方法です．培地を長時間高温下に置くことになるので培地の劣化などの心配はしなければなりません．

　一時的にであれば，希塩酸の添加でpHを下げる方法もあります．しかし，CO_2インキュベーターで平衡状態になった時点で，かえってpHが下がりすぎることになるので注意してください．ただし，細胞を極端な高pH環境に暴露するよりもはるかにましです．

（佐藤元信）

細胞の声
まだ使える　その一言が　いのちとり
細胞を極端なpHに暴露することは
短時間であっても危険です．

参考文献
1) http://www.rikadaisuki.edu.saitama-u.ac.jp/recipe/chemistry/calcgrap/colsamp.htm
2) Hawley-Nelson P et al：J Invest Dermatol, 75：176-182, 1980
3) Ceccarini C & Eagle H：Proc Natl Acad Sci USA, 68：229-233, 1971

第1章 細胞培養の準備はできていますか？　Ⅰ 培養液と培養容器

4 血清のロットチェックや熱非働化は「必要ない」と思っていませんか？

Case

常識度 ★★☆☆☆　危険度 ★☆☆☆☆

これまでの経験に懲りたS君は，細胞培養の勉強をすることにしました．教科書を読み進めて「天然物質・血清」の章までたどり着いたS君，「ふむふむ，血清にはこのような役割があるのか……」と納得．しかし，血清のロットチェックや熱非働化など，S君の研究室ではあまり行っていない内容も記されています．「これまでは購入した牛胎仔血清をそのまま使ってきたけど，特に問題なかったよな～」とS君は腑に落ちない様子．さて，本当のところはどうなんでしょう？

キーワード ▶ 血清のロットチェック，熱非働化，再現性

血清の役割

　血清には実にさまざまな成分が含まれています[1) 2)]．細胞の生存因子，増殖因子の供給，アミノ酸，ビタミン，脂質などの栄養分や微量因子の供給，担体としての役割，有害物質の中和，タンパク質分解酵素などの作用の中和，接着因子の供給，pHの緩衝，浸透圧や粘度，表面張力，拡散性など細胞の培養環境の保持のように，多くの作用や役割を担っています[1)]．血清を培地に添加することで基礎培地の弱点を補い，良好な培養環境を提供しているのですね．一方，血清には増殖を阻害する因子も同時に含まれています．これらの成分は，血清の種類（動物からの採取時期，動物種）やロットによって異なります．このため，ロットチェックが必要になるのです．

ロットチェックの重要性

　最近の細胞培養用の血清は品質管理がしっかりしていて，確かに細胞増殖が極端に悪いロットに遭遇するようなことはあまりなくなっています．しかし依然としてロットチェックは重要だと思います．図は，筆者の研究室で行った牛胎仔血清（FBS）のロットチェックの一例です．ご覧のように，マウス線維芽細胞株Balb/3T3の増殖ではロット間で大きな差はありません．しかし，同じ細胞のコロニー形成で評価するとロットBが極端に低い結果となりました．一方，ヒト血球系細胞株HL60の増殖を指標とすると，ロットBはむしろ良好な成績を示しています．ロットFは，Balb/3T3細胞の増殖はよく支持しているのに対して，HL60細胞では低い結果となっています．このように，対象とする培養条件，細胞の種類によって適するロットは変わってくるということです．この図をみて，「まあ，あまり当たり外れはないな」とみるか，「これはやっぱりロットチェックを行うべきかな」と考えるかは，研究者によって違うと思います．しかし，血清メーカーが成分のチェックや細胞増殖を指標としたロット試験を行っているにしても，すべての研究目的に対応しきれるものでは必然的にありえないことには気を留める必要があるでしょう．また，ロットチェックの方法に関しては，教科書的な手法だけでなく，ご自身の実験系を対象とした評価方法が必要なこともご理解いただけると思います．

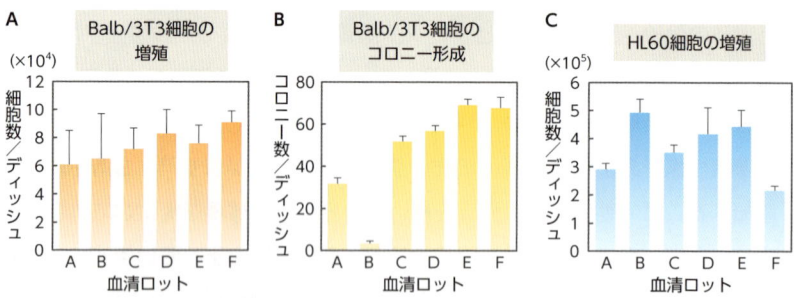

図　ロットチェックの一例
A) マウス線維芽細胞株Balb/3T3細胞の増殖．2×10^4 cells/35-mm dishに播種し，2日培養後計数した．**B)** Balb/3T3細胞のコロニー形成．100 cells/35-mm dishに播種し，1週間培養後，コロニー数を計測した．**C)** ヒト血球系細胞株HL60細胞の増殖．10^5 cells/35-mm dishに播種し，3日培養後に計数した．

熱非働化はいつ行う？

　血清は細胞障害性を示す場合があり，熱非働化[※1]が必要になることがあります．ただ，このような細胞障害性を示す血清ロットは，メーカーの品質管理により非常に少なくなっています．では，熱非働化はどのような場合に行うべきでしょうか？　実はこの判断は研究者により異なっていて共通認識はないように思います．ある研究者は，細胞障害性がみられない限り熱非働化は一般に必要ないとしていますし，血球系細胞を培養する際にだけ（血球系細胞は障害を受けやすいので）熱非働化しているという研究者もいます．ただし，熱非働化の欠点をあげておく必要がありそうです．血清はタンパク質を含む多種類の成分からなっており，熱非働化処理により変性したり活性が低下したりする成分があることは容易に想像がつきます．増殖因子や生存因子，接着因子などが影響を受ける可能性が高いです．実際，ある細胞株で，熱非働化した血清を使用したら接着性がきわめて悪くなったことを経験しています．1つ，確実に言えることは，再現性を考慮する……ということです．熱非働化によって成分の変化は必ず起こるのですから，もし文献で熱非働化を行っていたら，その実験の追試に際しては熱非働化した血清を使う，細胞の入手先の培養条件で血清を熱非働化していたら，そこから入手した細胞はとりあえず熱非働化した血清条件下で培養するということです．

血清の採取時期の違い，種類の違い

　今日では一般的に牛胎仔血清（FBS，FCS）[※2]が広く使われています．一方，細胞によっては，子牛血清，馬血清，ニワトリ血清などが使われることがあります．これらの使い分けはケースバイケースです．ただし，これも再現性を考慮して使用すべきです．血清は種類により成分が異なりますから，血清の種類を変えて培養すると異なった結果や細胞の増殖不良を招く可能性があります（第1章-7参照）．一例をあげるならば，神経堤細胞は，牛胎仔血清を用いた培養条件で交感神経系細胞へ，馬血清を用いると副交感神経系

※1：血清の示す細胞障害性は，血清に含まれる補体成分が補体系の活性化を通じて細胞を攻撃することで主に発揮されます．熱非働化とは，56℃，30分の加熱により補体を不活性化する処理です．
※2：FBS（fetal bovine serum）とFCS（fetal calf serum）は同じものです．

細胞へ分化しやすいという報告があります[3]．一般的に成獣由来の血清の方がロット差は大きいので，ロットチェックの必要性は高くなります．

血清入り培養に関する課題

　血清は確かに細胞培養おいて良好な環境を提供します．それは，無血清培地での培養は血清入り培養よりはるかに難易度が高いことからも推し量ることができるでしょう．しかしながら，血清にはロット差があり，ロットによって実験結果が異なってしまう可能性があります．さらに血清は多種類の成分（未知成分も含む）からなるがゆえに，アッセイや実験の評価に影響を及ぼす因子が含まれているケースも考えられます．再現性の確保や，実験条件の明確化のため，成分既知培地，無血清培地での培養が求められるようになってきています．血清のもつ利点，欠点を考慮したうえで利用するようにしましょう．

（佐藤元信）

細胞の声

再現性　転ばぬ先の　下準備
ものにより確実に成分の異なる血清．
実験結果に大きな影響を与えることを考慮しましょう．

参考文献

1）黒田行昭：『細胞成長因子—Growth Factors—』（日本組織培養学会/編），pp.217-221，朝倉書店，1984
2）Price PJ & Gregory EA：In Vitro, 18：576-584, 1982
3）Fauquet M, et al：J Neurosci, 1：478-492, 1981

コラム

血清に沈殿が!! もしかしてコンタミか？

解凍した血清に沈殿が出て，微生物汚染と間違ってしまうことがあります．血清には多様な成分が含まれているので，解凍や長期保管によって沈殿物が析出してくることがあるほか，培地成分と反応して不溶性の沈殿が生じることがあります．これは気にしないでください．また，フィルターを通して沈殿物を除こうとすると，フィルターに血清の有効成分が吸着して血清の性能が落ちてしまうことがありますのでご注意を．

第1章 細胞培養の準備はできていますか？　Ｉ 培養液と培養容器

5 抗生物質で微生物汚染は防げる！と思っていませんか？

Case

常識度 ★★★☆☆　　危険度 ★★☆☆☆

大学院生のNさんは，今年から細胞を使って実験をすることになりました．細胞には抗生物質を入れて培養することが「当然のこと」と思っていたNさんは，抗生物質さえ入れておけば微生物汚染は防ぐことができ，実験も順調に進むと考えていました．しばらく培養していても，微生物汚染がみられなかったので，コストの面を考慮してメーカーが推奨している添加濃度よりも低めに入れて培養をすることにしました．しばらくしたある日，細菌らしきものが細胞の中に増え始めてきました．そこで，抗生物質の濃度が低かったからではないかと考えたNさんは，細胞を起こしなおして，今度はメーカー推奨濃度より高めに添加し，培養を開始しました．しかし，次の日，細胞を観察してみると，細胞の形態が変わり，死細胞も多く，増殖不良となっていました．しばらく様子を見ていましたが，結果は思わしくありませんでした．

キーワード ▶ 抗生物質使用の弊害，抗生物質の適正使用，適切な無菌操作

抗生物質のワナ

　細胞を培養する際に，多くの人は培地に抗生物質を添加しています．抗生物質は細胞の増殖に必要なものではないので，微生物汚染を防ぐための安全対策や，特定の細胞をセレクションする目的で使用されています．しかし，誤った方法で使用することにより，①耐性菌の出現，②過敏な細胞に与える直接的な影響など，さまざまな問題が生じてしまうことがあります（表1）．

表1　抗生物質の不適切使用による弊害

①耐性菌の出現	②細胞に及ぼす直接的な影響	③マイコプラズマ汚染の拡大
抗生物質の濃度が低すぎると、菌が完全には死滅せずに徐々に慣れてきてしまいます。また、長期間使用を続けることでも菌がその環境に慣れて耐性を獲得してしまう危険性が増えてきます。	代謝などに必要なシグナル伝達物質の結合する受容体に抗生物質が結合してしまう（抗代謝作用）ことがあります。また、細胞の形態変化、増殖能低下、変異誘発などが生じることもあります。	抗生物質の使用は、細菌や真菌がコンタミするような実験操作をしてしまった際、同時にコンタミしているマイコプラズマ汚染を見逃す一因となっています。その結果、得られた実験データは信憑性がないものとなり、全世界で莫大な研究費が無駄になっています。

　特に、多能性幹細胞（ES・iPS細胞など）においては、増殖能だけでなく分化能にも影響しているという報告があります。さらに、培養している細胞に細菌や真菌の微生物汚染（コンタミネーション、以下、コンタミ）が起きると、③マイコプラズマ汚染も同時に起きている可能性がきわめて高くなります。しかし、一般的な培養に使用されている抗生物質（ペニシリン、ストレプトマイシン、アンフォテリシンBなど）は、細菌や真菌の増殖を抑えることはできますがマイコプラズマには効かないため、細菌や真菌がコンタミした際、同時にコンタミする可能性が高いマイコプラズマだけを増殖させてしまう結果となります。このことから、マイコプラズマ汚染の拡大に、抗生物質が深く関係していると言われています（第3章-2参照）。

　冒頭のCaseでは、抗生物質の濃度を低めで長期間培養したことにより、抗生物質に対する薬物耐性微生物が出現してしまったり、また、高濃度で使用したために、細胞毒性が生じた可能性が示唆されます。

抗生物質を使用しないという選択

　細胞培養ではコンタミはある頻度で起きるものですが、一度起きてしまうとその細胞は使用できなくなるばかりか、それまで費やした時間・労力・費用が無駄になってしまいます。そのため、ほとんどの人は貴重な細胞を扱う場合や重要な実験を順調に進めるためにも、抗生物質に頼ってコンタミを防ごうとします。抗生物質を使用することで安定して培養することができますが、本来クリーンベンチなどの無菌環境下で適切な培養操作を行えば、ほとんどの細胞培養では抗生物質を添加する必要はありません。抗生物質を使用しないことで、耐性菌の出現防止、細胞への負担の軽減、コンタミの早期発

見，マイコプラズマ汚染の減少（不適切な実験操作が微生物汚染という形で露呈するという意），コスト削減など，さまざまな利点が考えられます．さらに臨床の分野では，すでに細胞培養に抗生物質の使用を禁止しているところもあるので，今後は抗生物質に頼らない培養技術が必須の条件になります．細胞のコンタミは，どんなに熟練した培養のプロでも完全に防ぐことはできませんが，適切な培養技術を習得することで，かなりの割合で防ぐことができるのです（第2章-2参照）．

できる限り抗生物質を使用しないことが大切であり，使用する場合も，適正濃度で，限定的に，そして短期間に留め，抗生物質を使用しなくても培養できる基本操作を習得することが最善策になります．

抗生物質を使用した方がよいケース

抗生物質を使用しないで培養できれば問題ないのですが，抗生物質を入れて培養する方がよい，または，添加する必要があるケースもあります．

1 培養初心者の方が細胞培養を行うケース

無菌操作にあまり慣れていない方が培養を開始する場合は，適切な無菌操作を習得できるまでの間，抗生物質を入れて培養します．ほとんどの場合，他の人とベンチを共有して培養するため，誰かがコンタミを起こすと，他の人の細胞にも影響が出る可能性があります．そのため，無菌操作に慣れるまでは，抗生物質を入れて培養の経験を積むようにします．

2 貴重な試料細胞の初期保存ストックを作製するまでのケース

動物から直接採取したり，臨床の現場で外科的に得られた細胞などには，組織が無菌でないためたくさんの常在菌が混入している可能性があります．通常の培養細胞の培養に比べ，このようなコンタミの危険性が高いと予想される場合，または，貴重な細胞試料のため，できる限りコンタミのリスクを低減したい場合などは，細胞の初期保存ストックが作製できるまで，初期培養段階で短期間に使用します．なお，保存ストックの作製終了後は，抗生物質を使用しないで培養します．

3 細胞をセレクションするケース[※1]

　実験の目的によって，ある特殊な遺伝子を導入した細胞だけをセレクションするために，抗生物質に対する耐性遺伝子を同時に導入し，その抗生物質を添加した培地で培養する場合があります．細胞のセレクションに使用される抗生物質は日常的な培養に使用されるものとは違って，G418やハイグロマイシン，ネオマイシン，ピューロマイシンなどがあります．抗生物質を細胞のセレクション用として使用する場合は，論文などを参考に濃度や添加量などを決めることが重要です．また，細胞をセレクションする際とセレクション後の維持培養では，添加濃度が異なる場合があります．

使用する抗生物質の選択，適切な濃度，使用上の注意点

1 抗生物質の選択

　細胞培養に一般的に使用されている抗生物質は，ペニシリンとストレプトマイシンです．ペニシリンは細菌の細胞壁合成を阻害し，ストレプトマイシンは，ペプチド転移反応に作用してタンパク質合成を阻害します．抗生物質にはそれぞれターゲットにしている菌種の範囲（抗菌スペクトラム）があるため（表2），目的に応じて作用が異なる数種類を混合して使用することができます．すでに複数の抗生物質が混合されたものも販売されています．たとえば，ペニシリンやストレプトマイシンはグラム陽性菌・陰性菌に作用するため，これにアンフォテリシンBを組合わせることで，酵母やカビにも対応できます．ただし，アンフォテリシンBなどの抗真菌剤は，細胞毒性が強いので使用を避けるように推奨しているところもあります．

　また，実験で使う細胞に影響がなく，コンタミの原因になる微生物だけに効果がある抗生物質を選ぶことが重要になります．

※1：細胞をセレクションする際の注意！
　よくみられる失敗例は，抗生物質を凍結細胞の融解直後から添加して培養することです．ある程度，細胞が安定して増殖した後（もしくは，細胞が安定して継代維持できるようになった後），目的の抗生物質を添加して，セレクションしてください．融解直後の細胞は弱っているため，セレクション用の抗生物質を添加した培地で培養を開始すると，細胞が増殖不良となり，死滅してしまう場合があります．
　また，指定されている抗生物質でもセレクションができない場合は，入手先へ問い合わせてみることも重要です．記載されていない耐性遺伝子が入っていたりする場合があります．

表2 培養に使用される抗生物質の標的種と至適濃度

抗生物質	溶解性	グラム陽性菌	グラム陰性菌	酵母	カビ	マイコプラズマ[※2]	推奨濃度[※3]
ペニシリンG	H_2O	●					50〜100 U/mL
ストレプトマイシン	H_2O	●	●				50〜100 μg/mL
アンフォテリシンB	DMSO			●	●		2.5 μg/mL
カナマイシン	H_2O	●	●			●	100 μg/mL
ゲンタマイシン	H_2O	●	●			●	50〜100 μg/mL

●:効果あり.

2 抗生物質の至適濃度

　抗生物質の種類やその濃度によっては，細胞の増殖が悪くなったり，あるいは死滅してしまう可能性があるので，使用する前にはきちんと確認することが重要です．論文や説明書などにそれぞれの至適濃度などの情報が明記されています．複数の抗生物質を混合して使用する場合は，それぞれの至適濃度より下方になる場合があるため，注意が必要です．また，推奨濃度においても幅があるため，抗生物質の取扱説明書や論文，文献などを参考にして，適切な濃度範囲を設定します．そして，抗生物質を希釈系列として作製した培地で，数回継代した後の増殖や形態を観察して，細胞がコンフルエントになるまでの期間の比較を行い，細胞に与える影響を確認します．

　市販されているものでは，適正濃度範囲や単位の表記に違いがあるので，必ず，取扱説明書や試験成績書を読んで添加するようにします[※4]．

3 使用上の注意点

　抗生物質には，粉末から調製するものや，液体調製済みですぐに使用できるものもあります．

　粉末タイプのものは，長期間保管できるものが多く安価ですが，調製の際には濃度計算や無菌操作，粉末を溶かす溶媒などに注意が必要です．目的に応じて滅菌水かPBSを使用し，また溶けにくいものは，DMSOやエタノールなどで溶解します．粉末やストック溶液の保管方法も抗生物質の種類により異なりますので，よく取扱説明書を読むことが重要です．

※2：マイコプラズマに効果があるとされているカナマイシンやゲンタマイシンは，耐性菌の出現により，すでに効果がないという報告もあるので注意が必要です．
※3：あくまでも推奨濃度です．細胞により異なります．
※4：抗生物質の表示方法には単位もしくは重量が用いられますので，よく注意してください．ペニシリンGは単位（Unit）表示されていますが，ストレプトマイシンは重量（g）になっています．

液体タイプのものは，添付書類に従って，培地に添加するだけで使用できますが，有効期限が短い場合が多いので，使用する前には必ず確認するようにします．

　また，耐性菌の出現を抑制するためにも，それぞれの抗生物質の特徴を理解し，短期間の培養（たとえば，初期凍結ストックを作製するまで）のみに使用するようにします．細胞の増殖に影響がないことはもちろんのこと，実験結果に影響がないかどうかを確認することも重要になります．

（野口道也）

細胞の声
「念のため」で　入れないで　抗生物質
抗生物質は使用しないメリットの方が多く，抗生物質に頼らない培養技術を身につけることが肝要です．

参考文献

Cohen S, et al：Tissue Eng, 12：2025-2030, 2006
Lincoln CK & Gabridge MG：Methods Cell Biol, 57：49-65, 1998
Lundin DJ & Lincoln CK：Amer Clin Lab, (4) 13：6, 1994
『マイコプラズマとその実験法』(尾形 学／監)，近代出版，1988
『ライフサイエンス試薬活用ハンドブック』(田村隆明／編)，羊土社，2009
『細胞培養なるほどQ&A』(許 南浩／編)，羊土社，2010

第1章 細胞培養の準備はできていますか？　I 培養液と培養容器

6 サイトカインの濃度，安易に変えていませんか？

Case

常識度 ★★☆☆☆　　危険度 ★★★☆☆

細胞培養操作にも慣れてきた大学院生のHさんは，現在，サイトカイン依存性のある細胞株を培養しています．研究室では，サイトカインは貴重（高価）であるため普段から「無駄遣いをしないように」と周知されていました．そこでHさんは研究室のために，細胞培養に使用するサイトカインの量を極力減らそうと条件検討を行い，これまで使っていた量の1/10の濃度で細胞を培養できることを見出しました．以降，この濃度で維持培養を行っていましたが，ある日，サイトカイン依存的増殖実験にこの細胞を使うため一時的にサイトカインを除いて培養していたところ，全く増殖が止まらないことに気がつきました．細胞は増える一方で，すでに増殖実験に使える状態ではありませんでした……．

キーワード ▶ サイトカイン，ED50，unit

研究室のためにコスト削減の努力をしたHさんでしたが……

　サイトカイン依存的に増殖する培養細胞は維持培養するだけでも経費がかさみます．もちろん，Hさんの行動は研究室の財政事情を考えたうえでのことでしたが，それが逆に仇となってしまいました．このようにサイトカイン依存性細胞はサイトカインの濃度を減らしたりすることで依存性が無くなり自立的に増殖してしまうことがあります．もちろん培養プロトコールどおりに加えていても同様のことは起こりうるのですが，特に濃度を下げる場合には慎重に行わなければなりません．低い濃度で培養を続けることによって細

胞が馴れてきて，増殖にサイトカインを必要としなくなる場合がありますし，増殖速度や細胞の性質（分化能など）にも影響を及ぼす可能性も考えられます．

　培養において指定された濃度は過剰量のサイトカインを加えていることが多いと思われます．これは細胞増殖とともにサイトカインの消費が増えることや，培養液中に加えられたサイトカインの失活を考慮しているからです．培養している細胞の増殖スピードや使用しているサイトカインの半減期などの要因が関係してくるので一概に「こうするべきだ！」というものではありません．逆に大過剰量のサイトカイン存在下で培養することで，もともとの性質を失ってしまうという例もあります．したがって，安易なサイトカインの濃度変更はおすすめしません．

ED50 と unit

　みなさん ED50 という概念を知っていますか？ これは細胞がサイトカインなどの生理活性物質に対して示す最大反応の50％の反応を引き起こすために必要な濃度を意味します．たとえば，インターロイキン2（Interleukin-2；IL-2）依存性の細胞 CTLL-2 の生存率が50％になる IL-2 濃度が ED50 となります．また，ED50 の値は一般的に1 unit とされています．

　20 units/mL の塩基性線維芽細胞増殖因子（Fibroblast Growth Factor

濃度だけではない！ 種特異性も重要！

サイトカインはタンパク質であるため，動物種が異なれば同じサイトカインといえどもアミノ酸配列や糖鎖修飾に違いがあり，それによって活性も異なってくるので注意が必要です．物によっては全く交差反応性がないものもあります．その典型例が IL-3 です．血液系細胞株で IL-3 依存的に増殖する細胞がいくつかありますが，マウス由来 IL-3 依存性細胞を培養していて，新たにヒト由来 IL-3 依存性細胞を培養する時はマウス IL-3 を用いることはできず，ヒト IL-3 を用意しなければなりません．もちろん交差反応性を示すサイトカインもありますが，一般的には異種の物を使用すると，同種のサイトカインに比べて ED50 が高くなる，あるいは異なる反応を示す場合もあります．このように動物種が異なる場合は，それぞれの種に由来するサイトカインを使うのがベターなのです．

basic：bFGF，FGF-2）を培養液中に加えるということを考えてみましょう．bFGF購入時に添付されたデータシートにED50：0.1〜0.25 ng/mLである場合，20 units/mLは2〜5 ng/mLとなります（通常，5 ng/mLで加える）．ED50は培養細胞を用いたアッセイにより測定されるため値に幅があり，アッセイ方法の違いによりばらつきが生じます．このため添付のデータシートでアッセイ方法とED50はよく確認しておく必要があります．特に使用するサイトカインのメーカーを変更する際には注意が必要です．また比活性（units/mg）という形で記載されている場合もあります．比活性＝10^6/ED50（ng/mL）の式により算出されます．

キャリアタンパク質

　市販されているサイトカイン類にはキャリアタンパク質（主にBSA）が添加されているものとキャリアフリーのものがあったりします．キャリアタンパク質は培養容器への吸着を抑制し，溶解性を高めるために添加されていますが，実験によってはキャリアタンパク質の混入が実験の妨げとなることがあります．このような場合にはキャリアフリーを用います．一般的に細胞培養に使用する場合はキャリアタンパク質が添加された製品を使えばよいでしょう．

（寛山　隆）

細胞の声
サイトカイン　ケチって細胞　自立する
高価なサイトカインですが，節約すると細胞の性質が変化し，より大きな損害が発生するかもしれません．

第1章 細胞培養の準備はできていますか？ Ⅰ 培養液と培養容器

7 「これでも培養できるし……」という理由で培地を変えていませんか？

Case　常識度 ★★☆☆☆　危険度 ★★☆☆☆

S君は，たくさんの種類の細胞株を用いた研究に従事することになりました．早速凍結細胞を入手し，培養を開始しようとしているのですが，細胞に添付されている指示書をみるとそれぞれの細胞株で指定されている培地が違うのです．「これは効率が悪いなぁ……，ラボにない培地もあるし……」とS君．先輩に相談してみたところ，「大丈夫．よく使われている細胞株なんだから，ラボでいつも使っている同じ培地で全部培養できるよ」とアドバイスを受けました．「そんなもんかな？」と疑問に思いつつも，細胞を解凍して全部同じ培地で培養を開始したところ，いくつかの細胞株が増殖不良に陥ってしまいました．「先輩，うまくいかないんですけど……」と言ってみたものの後の祭り．結局細胞を入手し直すことになってしまいました．

キーワード▶培地の系統，馴化，再現性

特定の培地でないと育たない細胞がある

このCaseのように，培地を変更して培養すると細胞が増殖不良を起こしたり，全く育たなくなったりすることがあります．これには大きく分けて3つの異なる原因があると思われます．
① 特定の培地でないと育たない細胞がある．
② 培地には細胞への向き，不向きがある．
③ 細胞はそれまでに培養されていた培地に適応しており，別の培地への馴化に時間がかかる．

まず，①について述べましょう．好例は表皮角化細胞です．表皮角化細胞は，EGFやインスリン，ヒドロコルチゾンなどを添加した特殊な培地でないとうまく育てることができません．また，カルシウムイオンに非常に敏感で，通常の基礎培地のカルシウム濃度では分化して増殖しなくなってしまいます．血清も分化を誘導することが知られています．このように，増殖因子やサイトカイン，ホルモンなどを添加した特定の組成の培地の使用が前提となる細胞があります．

培地には細胞への向き，不向きがある

　各種の基礎培地には，それぞれ開発の歴史と背景があり，特徴はさまざまです（図）．培地組成は培地の種類によってかなり異なっています．第1章-1でみてきたように，MEMができるだけシンプルな組成の培地を目指して開発されてきたのとは対照的に，数多くの成分を配合した複雑な組成の培地も存在します．実験目的によって異なりますが，初代培養などでは，細胞への負担を減らす意味で複雑な組成の培地が適することがあります．また，当初は特定の細胞の培養が好適に行えるようにと開発された培地もあります．たとえばRPMI 1640培地は今日でこそ色々な細胞の培養に用いられていますが，元来，末梢血由来リンパ球の培養のために開発されたものです．このような背景があるため，樹立された血球系細胞株はRPMI 1640培地を利用して培養されているものが多いのです．同様にWilliams' medium Eは肝細胞の培養に適していますし，MCDB系の培地のように，特定の細胞の培養に特化して開発されている培地もあります．

細胞は培地への馴化に時間がかかることがある

　事例として，ある実験を追試するケースをあげてみましょう．追試対象の参考文献には，「○○細胞は××培地で培養した」と記載されています．一方，入手した細胞（あるいは手持ちの細胞）が別の種類の培地で維持されていた場合，培養条件を忠実に再現しようとして参考文献に記載の培地に急に細胞を移すと，細胞の調子が悪くなってしまうことがあります．「参考文献にちゃ

BME (Eagle's basal medium)
L細胞またはHeLa細胞の増殖を指標にアミノ酸，ビタミン要求性を検討したシンプルな組成

MEM (Eagle's minimum essential medium)
BMEのアミノ酸，ビタミン濃度を見直したシンプルな組成．今日，血清を添加して付着細胞を中心にさまざまな細胞株に使用される．

DMEM (Dulbecco's modified Eagle's medium)
BME のアミノ酸，ビタミン濃度を強化．今日，MEMと同様にさまざまな細胞に使用される．

α-MEM
E-MEMに非必須アミノ酸，さらなるビタミン，多くの核酸前駆体等を追加したもの．今日では間葉系幹細胞の培地のベースとなることが多くみられる．

DMEM/F12
DMEMとHam's F12の1：1混合物．両方の培地成分が補完しあい，さまざまな細胞の培養に使用される．

McCoy's 5A
BMEが土台．Medium 199からアミノ酸・ビタミンをなどの成分を追加．いくつかの改変組成がある．抗酸化物質としてグルタチオン，アスコルビン酸を追加．

RPMI 1640
当初は末梢血由来リンパ球の培養に開発．血球系細胞に広く利用される．

Ham's F10
非常に多くの成分を含む．低血清での培養を目指したもの．アミノ酸の種類は多いが，おのおのの絶対量は他の培地に比べてむしろ低め．

Ham's F12
当初はハムスター細胞株のコロニー形成を指標に無血清培養を目指したもの．

MCDB104
ヒト正常二倍体線維芽細胞の培養向けに開発．

MCDB107
MCDB104を基礎にヒト血管内皮細胞の培養向けに開発．

Medium 199
非常に多くの成分からなる複雑な組成．Earle液の無機塩組成を土台に核酸前駆体，多種類のアミノ酸，ビタミン，脂質などを含む．

Williams' medium E
当初はラット肝細胞の長期培養のために開発．すべてのアミノ酸，多種のビタミンを含み，さらに微量金属を添加．肝細胞の培養によく使われる．

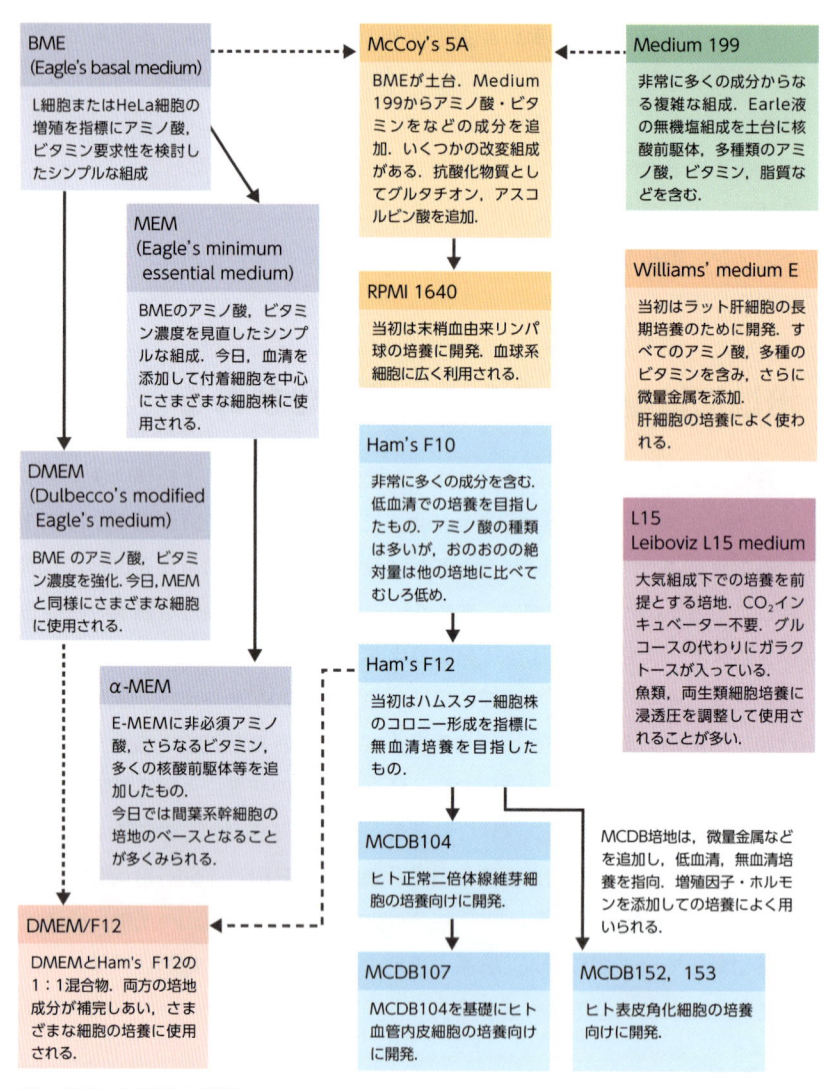

L15 Leiboviz L15 medium
大気組成下での培養を前提とする培地．CO_2インキュベーター不要．グルコースの代わりにガラクトースが入っている．魚類，両生類細胞培養に浸透圧を調整して使用されることが多い．

MCDB培地は，微量金属などを追加し，低血清，無血清培養を指向．増殖因子・ホルモンを添加しての培養によく用いられる．

MCDB152, 153
ヒト表皮角化細胞の培養向けに開発．

図　培地の系統と特徴

んと培養できると書いてあるのにどうしたことだ……」と思われるかもしれませんが，これは細胞の培地への馴化の問題です．細胞はそれまでに培養されていた培地組成で良好に増殖できるように代謝系などが最適化しており，異なる組成に急に変えるとただちには順応できなかったり，増殖不良に陥っ

たりすることがあるのです．一方，別の培地に変えても，ほとんど何事もなかったかのように育つ場合もあります．しかし，すべてのケースでうまくいくわけではありません．

培地を変更するには？

　前記のような問題がありますので，培地などの培養条件を変更する場合にはいったん細胞入手先の培養条件に従って確実な培養を行い，一定量の細胞ストックを確保して保険を掛けたうえで，培養条件変更の検討を行うべきでしょう．培地馴化には時間がかかる場合もありますので，徐々に培地の組成（割合）を変えてゆくような工夫も必要になるかもしれません．また，図に示すように培地には系統があります．似た系統の培地への馴化は比較的たやすく，組成が大きく異なる培地への馴化は難しいことも予想できるでしょう※．

　ただし，細胞株の培養に際しては原則として細胞樹立時の培養条件に従うべきであることに気を留めてください．培地を安易に変更することは，色々な問題点をはらんでいます．培地環境を変えると，その組成に適合するように細胞の代謝系などの変化が起こるでしょう．形質や生理的な変化だけでなく，セレクションのような細胞集団のシフトが起こる可能性も否定できません．実際，HeLa細胞は，その細胞を維持している研究室の数だけ亜株があるとすら言われています．培養履歴が異なると，微妙な株差が生じてしまうのですね……．いかがでしょう．細胞が培養できるという理由だけで培地を変更しても大丈夫ですか？

（佐藤元信）

細胞の声
細胞も　所変われば　品変わる
細胞と培地は本来セットの存在です．
安易な変更は再現性をそこないます．

※：一方，DMEMの低グルコース処方（標準のグルコース濃度）から高グルコース処方に変えると，グルコース濃度の上昇だけで細胞への負荷となって増殖性そのほかの形質が変わることがあります．このように培地組成が全体的には似ていても，成分単体の影響が大きい場合も見られます．

第1章 細胞培養の準備はできていますか？　Ⅰ培養液と培養容器

8 培養器の選択，間違っていませんか？

Case

常識度 ★★★☆☆　　危険度 ★☆☆☆☆

S君は，とある細胞を培養することになりました．しかし，通常の培養器で培養すると接着が悪く，培地交換などを行うと細胞がすぐに剥離してしまうのです．「どうしたものか……」と悩んでいたところ，先輩から「コラーゲンとかフィブロネクチンとかコートした培養器を使ってみたら？」とアドバイスを受けました．細胞の接着を促すようです．「これは使えるのではないか」とS君，先生に相談したところ，「細胞に対する影響をよく調べたうえで使うように」と釘を刺されました．いったいどういうことなのでしょう．

キーワード ▶ シャーレとフラスコ，閉鎖培養と開放培養，コーティング

付着細胞用の培養器と浮遊細胞用の培養器

　まず，培養器についておさらいをしておきましょう．接着しない，細胞の調子が悪いというケースでは，培養器の間違った使用法に起因する初歩的なトラブルも多いのです．

　培養器にはさまざまなタイプがあります．まず，細胞培養用のシャーレ，フラスコには，付着細胞用のものと浮遊細胞用のものがあります．付着細胞用の培養器はプラスチック表面に細胞が接着しやすくなるような表面加工が施されています．付着細胞を浮遊細胞用の培養器で培養すると接着しない，あるいは接着性が極端に悪くなることがあります．逆に浮遊細胞を付着細胞用の培養器で培養すると，元来浮遊性に増殖するはずの細胞が付着してしまうことがあります．

培養フラスコのフタ：プラグシールキャップとベントキャップ

　培養フラスコのキャップには，2つのタイプがあります．1つはプラグシールキャップで，キャップを完全に閉めると閉鎖培養系に，少しゆるめると（フラスコの種類によってはゆるめる位置がマークされています）開放培養系になります．CO_2インキュベーターの使用が前提となる培地で培養する場合には，ガス交換ができるようにキャップをゆるめて培養する必要があります．キャップをゆるめないと培地のpHが上がってしまいますので注意してください．逆に閉鎖培養系（大気組成）での培養が前提となるような培地，たとえばHanks処方のMEMやLeiboviz L15培地で培養する際にはキャップを完全に閉じます．これらの培地でキャップを閉じずにCO_2インキュベーターで培養すると，培地のpHが極端に下がってしまいます．

　もう1つのタイプはベントキャップとよばれるもので，キャップにフィルターが付いており，キャップを完全に閉じた状態でガス交換ができるようになっています．

シャーレとフラスコの使い分け

　シャーレは安価，フラスコは高価という経済的な違いのほか，次のような違いがあります．①シャーレの方がガス交換の効率がよく，フラスコでは悪い傾向があります．CO_2インキュベーターに入れるとシャーレの方がpHの平衡化は速く，逆にCO_2インキュベーターから出すと，CO_2が抜けやすいためpHが上がりやすい性質があります．②シャーレの方がフタの開口面積が広いため，クリーンベンチ，安全キャビネットでフタを開けて操作する際には，微生物汚染などに対しての一層の注意が必要です．

コーティングした培養器の使用

　通常の付着細胞用のプラスチック培養器で接着が悪い細胞では，接着を促す物質をコートして培養することがあります．

　ゼラチン（変性コラーゲン），コラーゲン，フィブロネクチン，ラミニンの

ような細胞外マトリックス（extracellular matrix：ECM）因子は細胞が発現するインテグリンを介した生理的な接着を促進します[1]．ただし，これらの使用に際しては注意が必要です．細胞外マトリックス因子はインテグリンと結合することで，細胞の機能や分化に影響するシグナルを細胞にもたらす可能性があります[1]．さらに，マトリックス因子の種類によって細胞の反応性は変わってきます．たとえば，神経堤細胞は，フィブロネクチンをコートした基質には良好に接着して細胞移動が促されますが，ラミニンへの接着性は低く，細胞移動も貧弱です[2]．マトリックス因子をコートした培養器はさまざまな細胞で使われますが，細胞が接着して維持さえできればよいという場合は別として，対象とする細胞の性質や表現型に影響を与える可能性など，実験目的に適しているかどうかをあらかじめ調査，検討する必要があると思われます．

　ポリリジン，ポリオルニチン，ポリエチレンイミンなどのコーティングは，コーティングされた面をプラスに荷電させることにより，マイナスの表面電荷をもつ細胞をひきつけて物理的に接着を促します．当初は接着性の弱い神経系の細胞で主に使用されていましたが，今日広くさまざまな細胞でも利用されています．特にポリエチレンイミンのコートは強力です．一方，条件によっては接着後に神経細胞が死滅してしまうような例も経験していますので，予備検討は行うべきです．

（佐藤元信）

細胞の声
培養の　千里の道も　足場から
選択肢の多い培養器．自分の目的にベストなものは何かよく調べておきましょう．

参考文献
1）Alberts B, et al（中村桂子，松原謙一／監訳）：細胞の分子生物学 第4版，第19章，pp.1065-1125, Newton Press, 2004
2）Rovasio RA, et al：J Cell Biol, 96：462-473, 1983

第1章 細胞培養の準備はできていますか？ Ⅱ 培養に必要となる設備や備品

9 無菌操作に適した環境が整っていますか？

Case

常識度 ★★★★☆　　危険度 ★★☆☆☆

大学院に進学したKさんは，実験開始に向けて張り切って準備を始めました．資材室は実験室から遠く，何度も行き来するのは大変でした．効率よく実験を行うには，「クリーンベンチの近くに必要な器具類の予備を置いた方がよい」と考え，培養室内に大量のピペットやディッシュの予備を段ボールに入れて保管し，実験台の上にも滅菌した器具類を用意して，準備は万全でした．早速，クリーンベンチ内で培養操作を始めましたが，たびたび微生物によるコンタミネーションが起きてしまいました．

キーワード ▶ 培養室の清潔管理

細胞を無菌状態で扱うには

　細胞培養では，細菌，酵母，カビなどの微生物の混入による汚染を避けて，無菌的な培養環境を保つことが重要です．微生物による汚染は，細胞の増殖や代謝，研究成果などに大きな影響を与え，また，ほとんどの場合は大切な細胞の培養が不可能になります．どうしたら無菌状態を保てるのか，無菌操作とは何か，正しい知識と適切な操作技術の習得が必須です（第2章-2参照）．
　無菌操作を行うために，まずクリーンベンチや安全キャビネットが必要です．細胞培養用のバイオクリーンベンチは，微生物や塵埃の混入を避け，培養操作を無菌状態で行うのに適しています．病原体や遺伝子組換え生物などのバイオハザード対策が必要な生物材料を扱う場合は，安全キャビネットを使用します．細胞培養に適した環境を維持するために，定期的に性能をチェッ

クし，必要に応じてHEPAフィルターの交換をするなどメンテナンスを行います．

　ベンチ内に汚染源となりうるものをもち込まず，常に清潔を維持することは，無菌状態を保つうえで重要なことです．クリーンベンチの使用前後は，作業台を70％エタノールや逆性石鹸溶液を用いて清拭し，使用しない時にはUVランプを点灯して殺菌します．ベンチ内で使用する器具類も，同様の消毒液で清拭してから持ち込みます．ベンチ内にこぼれた培養液や試薬は汚染源になりますし，放置すると機器の腐食の原因にもなります．こぼしたらすぐに70％エタノール綿で拭き取ります．

　無菌状態で細胞培養をするには，使用する培地や試薬，器具類のすべてが無菌でなくてはなりません．被滅菌物の材質や性状にあった適切な滅菌法を選択し，確実に滅菌操作を行ったものを使用します（第1章-14参照）．培養者自身の手指には多くの雑菌が付着しています．培養操作前には必ず石鹸で手を洗い，70％エタノールや逆性石鹸溶液で消毒します．培養操作中も必要に応じて消毒をします．

細胞培養に必要な機器や器具

　クリーンベンチや安全キャビネット以外にも，細胞培養に必要な機器や器具類があります（図1）．安全と機能の維持のために，実験機器は定期的に点検を行います．

培養室も清潔に

　無菌的な培養環境を保つには，培養室自体も常に清潔を維持し，整理整頓を行います．外気や昆虫などの侵入を防ぐため，培養室の窓は開放厳禁です．Kさんの場合は何がいけなかったのでしょうか．段ボールの表面には微生物やウイルス，塵埃などが付着しているため，培養室に放置すると微生物による汚染の原因にもなります．必要な資材や器具類は戸棚や引き出しに保管します（図2）．室内の清掃はもちろん，クリーンベンチ，インキュベーターやオートクレーブなどの機器類は，定期的に清掃や洗浄を行います．

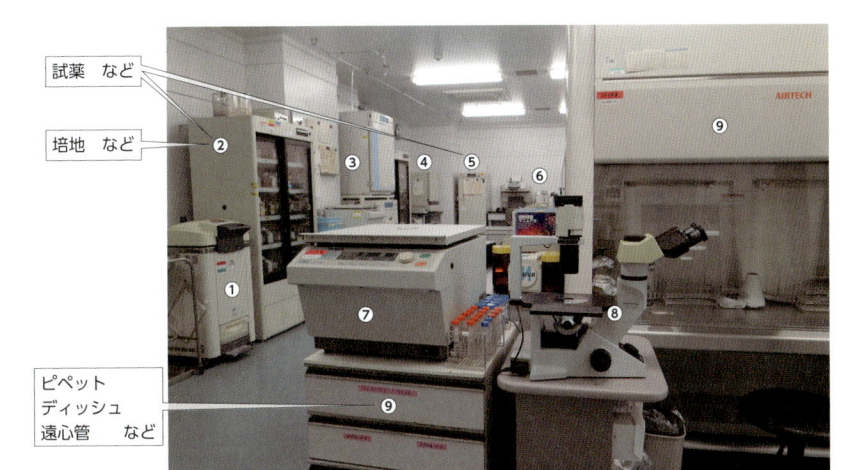

図1 培養室と機器類

試薬 など
培地 など
ピペット
ディッシュ
遠心管 など

①オートクレーブ，②冷蔵庫（4℃），③CO$_2$インキュベーター，④ヒーター式インキュベーター，⑤フリーザ（-20℃），⑥自動細胞数計測機器，⑦遠心機，⑧位相差顕微鏡，⑨クリーンベンチ，⑩器具収納庫．他にも安全キャビネット，フリーザー（-80℃），液化窒素保存容器，ウォーターバスなどが頻用される．

　培養室内に異物をもち込まないよう，履物を履きかえる，培養室入室時や細胞培養前に手を洗う，必要に応じて実験衣，帽子，マスクを着用する，細胞培養時には私語や咳に気をつけるなど，培養者自身が汚染源とならないような配慮も必要です．培養室内への飲食物のもち込みは当然のことながら厳禁です．

　多くの研究室では，培養室や実験機器類を共同で使用します．ルールに従い，他人に迷惑をかけないことが大切です．

（栗田香苗）

図2 ガラス器具収納

細胞の声

培養は 部屋ごと丸ごと 清潔に
細胞培養は手元だけ清潔でも不十分です．
隅々まで心配りをしたうえで実験しましょう．

参考文献

『細胞培養なるほどQ＆A』（許 南浩／編），羊土社，2004

『目的別で選べる 細胞培養プロトコール』（中村幸夫／編），羊土社，2012

『ISO規格に準拠した無菌医薬品の製造管理と品質保証』（佐々木次雄／監修），財団法人 日本規格協会，2000

『第十六改正日本薬局方』

第1章 細胞培養の準備はできていますか？　Ⅱ 培養に必要となる設備や備品

10 「細胞培養はクリーンベンチで」と思い込んでいませんか？

Case

常識度 ★★★☆☆　　危険度 ★★★★★

Kさんは，普段はラット，マウスなどの動物由来の細胞株をクリーンベンチで培養しています．ある時，研究の必要からヒト由来の細胞を使用することになりましたが，いつものように同じクリーンベンチで培養していました．ある日この細胞を継代培養中に細胞懸濁液を手にこぼしてしまい，ふとヒトの細胞の病原性は大丈夫だろうかと不安になりました．その細胞についてはヒトに感染する恐れのあるHBV，HCV，HIVなどのウイルスや，病原菌について汚染検査が実施されておらず，感染の危険にさらされていることに気付かないまま作業をしていたのです．

キーワード ▶ クリーンベンチ，安全キャビネット，バイオセーフティーレベル（BSL）

無菌操作と安全操作は別問題

　ヒト由来の細胞の感染リスクについてあまり考えず，身近にある使い慣れたクリーンベンチを使用してしまった．あるいは感染の可能性についてある程度の認識はあったのですが，クリーンベンチを使用すれば，感染源となる恐れのあるヒト由来の細胞を培養しても安全だろうとの誤った思い込みがあったかもしれません．クリーンベンチと安全キャビネットの性能の違い（図）をよく認識しておらず，同じような性能をもつものでどちらを使って細胞培養しても，無菌操作という点からは問題ないと漠然と考えていた可能性があります．

一般的なクリーンベンチ	バイオハザード対策用キャビネット
検体を清浄空間で扱うことが第一目的	作業者の安全性を図るのが第一目的かつ検体を清浄空間で扱う

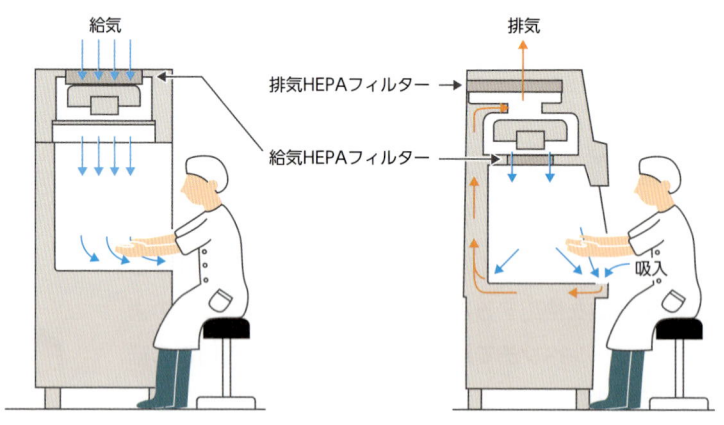

図　クリーンベンチと安全キャビネット

クリーンベンチとは

　クリーンベンチは，細胞や微生物を取り扱う場合に雑菌やほこりを防いで無菌的な作業を行うために用いられる装置の1つです．外部からの汚染を防ぐためにHEPAフィルター※を通した無菌の空気が天井から下方へと供給され，実験者側の前面へと排気されるしくみをもつものが一般的です．クリーンベンチは，無菌的な環境を提供するもので，フード内に持ち込んだものを清浄にすることはできないので，クリーンベンチに持ち込まれる培養フラスコ，培地ボトル，試薬チューブ，ピペット類の培養器材などは可能な限り70％エタノール消毒などで清浄な状態にして持ち込む必要があります．持ち込む細胞は，品質検査によりマイコプラズマや，細菌，酵母，ウイルスなどの微生物に感染していないことを確認することが重要です．また実験者は，細胞培養専用の白衣，プラスチック手袋やマスク，履物などを使用して，培養室の環境への雑菌の混入をできるだけ低減する配慮が必要となります．

※：HEPAフィルターとは，空気を清浄化するために利用する高性能フィルターで，Efficiency Particulate Air Filterの略です．その性能は，日本工業規格（JIS規格）で定義されています．

クリーンベンチの使用前と使用後は，内部の雑菌やウイルスを除去するために70％エタノールなどで消毒して清浄化します．クリーンベンチを使用しない時は，UV殺菌灯を点灯して，フード内部の滅菌状態を保つようにします．クリーンベンチを設置する部屋の空調は陽圧とし，外部から清浄でない空気の流入を防ぐことが望まれます．

安全キャビネットとは

　一方，安全キャビネットはヒトに感染の恐れのある病原体や遺伝子導入細胞などのバイオハザードを封じ込め，外部に漏らさないようにして安全な作業環境を提供する装置です．安全キャビネットは，持ち込んだ試料の漏えいを防ぐために内部が陰圧に保たれ，基本的に天井からHEPAフィルターにより滅菌された空気を下方の作業台に送り，下部で吸入して実験者側の前面にエアカーテンをつくります．吸入した空気は背面から上部に送られ，HEPAフィルターにより滅菌され，清浄化した空気を排気します．実験者は，持ち込んだ細胞からの感染を防止するために，専用の着衣，手袋やマスク，履物などを使用します．培養に使用した培地，プラスチック容器などは滅菌後に廃棄するなどの安全性に対する配慮も必要です．安全キャビネットを設置する部屋は，空調を陰圧に保ち空気が室内に流れるようにして感染源が部屋の外に漏れないようにすることが適切です．

　安全キャビネットは，対象となる病原体のバイオセーフティーレベル（BSL：biosafety level 1〜4）に応じてClass I〜IIIに分類されています（BSLについては第4章-4参照）．研究機関や医療機関において感染症法（「感染症の予防および感染症の患者に対する医療に関する法律」，平成26年11月21日改正）の定める感染対象病原体を取り扱う施設では，厚生労働省の基準に適合する安全キャビネットの設置が義務づけられています．たとえば，B型肝炎ウイルス（HBV）を産生する恐れのあるHBV感染肝細胞や，HBVゲノム導入細胞などはBSL2に相当し，その培養には，Class IIに適合した安全キャビネットを用いる対応が必要となります．

その使い分けは？

　ヒト由来の細胞株，ヒトに対する病原性遺伝子導入細胞株，あるいはヒト組織より調製した初代細胞などを使う場合には，まず感染性に関する情報を確認しましょう（第3章-3，4参照）．その細胞についてHBV，HCV，HIV，梅毒菌などの主なウイルスや病原菌に関する感染検査が陰性であることが確認されても，そのほかの未検査の病原体に関する感染情報は不明な場合が多いため，提供された組織および組織より調製した細胞はすべて感染のリスクがあると考えて取り扱い，基本的にBSL2に対応した安全キャビネットの使用が推奨されています．

　ヒトへの感染源となる恐れのない動物あるいはヒト由来の細胞株などは，その細胞自体へのコンタミネーションを防ぐためクリーンベンチで無菌的に培養し，ヒトに感染する恐れのあるウイルスを産生する細胞や病原体に感染している恐れのある細胞などは，実験者の安全を確保し，外部にそれ以上拡散させず封じ込めるために，バイオセーフティーレベルに応じて適切な安全キャビネットを使用して培養するという基本的な知識と感覚を身につけることが大切です（図）．

（小阪拓男）

> **細胞の声**
> **ヒト細胞？　感染リスクだ！　ベンチはNo**
> いざという時に慌てないために，普段から
> バイオセーフティーレベルへの理解を深めましょう．

第1章 細胞培養の準備はできていますか？　II 培養に必要となる設備や備品

11 とりあえず「インキュベーターに入れれば細胞は育つ」と思っていませんか？

Case

常識度 ★★★☆☆　　危険度 ★☆☆☆☆

大学院生のNさんは，今までヒトやマウスなど，色々な細胞を使って実験してきたので，細胞培養には自信がありました．そして，新たに昆虫細胞で実験を始めることになりました．いつものように細胞を融解してから，インキュベーターに入れて培養を開始しましたが，翌日，顕微鏡で観察してみると，ディッシュに付着している細胞が少ないように感じました．さらに数日間，様子を見ていましたが，いっこうに細胞は増殖しませんでした．細胞の融解方法や培地の組成は問題がなかったので，Nさんは原因が全くわかりませんでした．

キーワード ▶ CO_2 インキュベーターの設定とメンテナンス

細胞はすべて同じ培養条件では育ちません

　細胞培養では，細胞の種類によって使用する培地や血清の有無，添加物の濃度など各々の至適条件があり，その条件で培養を行わないと増殖不良となり，場合によっては死滅してしまうことがあります．他にも重要な要素として，培養温度や CO_2 濃度などがあり，意外と見落とされがちです．生物によって体内温度や CO_2 分圧に差があるように，生物から得られた細胞にも，各々適した培養環境があります．その環境をつくり出している機器が CO_2 インキュベーターです（一定圧の CO_2 を供給することにより，培地を生理的な状態に保っています）．

　現在までに樹立され，培養されている細胞の多くは，ヒトやマウス由来であるため，培養温度が37℃，CO_2 濃度は5％の条件で培養されています．し

かし，そのほかの生物由来の細胞では，全く異なる培養条件になることがあります．

培養温度に関して言えば，冒頭のCaseにある昆虫細胞ではおよそ25〜28℃で培養するものがほとんどです．また，鳥類の細胞はおよそ39℃，哺乳類でも温度感受性変異株（temperature sensitive mutant）では，およそ33℃で培養するものもあり，37℃で培養すると増殖しない細胞もあります．

CO_2濃度では，0（密栓培養）〜10％など至適濃度に幅があり，使用する培地によってCO_2濃度を変える必要があります．密栓培養をする場合は，キャップにフィルターがないフラスコを密栓して使用することにより，通常のインキュベーターで培養することができます．

このように，細胞培養を開始する前には，必ず，細胞入手元のデータシートや論文に記載されている温度やCO_2濃度，そして使用する培地や細胞の特性をよく確認して，インキュベーターの設定を前もって調整しておく必要があります．異なる条件で培養してしまうと，細胞の形態や生理活性などが変化してしまうばかりでなく，細胞が増殖不良になり死滅してしまう場合もあります．

コンタミの原因や増殖不良はインキュベーターかも？─メンテナンス（整備・管理・点検）の重要性

無菌操作や培養技術が熟練されていても，インキュベーターの準備や管理が徹底されていないと，増殖不良やコンタミのリスクが上がるなど，さまざまな問題が生じてきます．そのため，適切な無菌操作と同じようにインキュベーターの定期的なメンテナンスが重要になります．

1 CO_2インキュベーターの種類

インキュベーターにも色々な種類があり，現在では，主にWaterジャケットタイプとAirジャケット（ダイレクトヒート）タイプがあります．それぞれ利点と欠点があるので，どちらのタイプを使用するかよく考慮する必要があります．

また近年では標準機能として，安全キャビネットに使用されているHEPAフィルターが搭載され，ドア開閉時に庫内の空気が循環してCLASS100相当のクリーン度が保たれるものもあります．メンテナンスの面では，庫内を乾熱滅菌できるタイプもあり，簡単に滅菌ができるようになっています．こ

れらの機能が付いているインキュベーターは高価ですが，一度コンタミしてしまうと，貴重な細胞だけでなく，費やした時間と労力，さらに研究費なども無駄になってしまうので，コストとリスクをよく検討することが重要です．

WaterジャケットタイプCO_2インキュベーター

庫内周辺が水で覆われており，水を加温して温度調整を行うタイプです．設定温度まで到達し安定するまでには時間がかかりますが，停電などの思いがけない状況でも，しばらくの間，温度下降を防ぐことが可能です．そのため，非常電源設備がない施設では，このタイプを選択することを推奨します．インキュベーター内に水を大量に必要とするため，中の水がカビないようにメンテナンスする手間がかかることや，移動の際も水が充填されているため重いのが欠点になります．またこの水が蒸発してしまうために，定期的な補充が必要になります．

Airジャケット（ダイレクトヒート）タイプCO_2インキュベーター

庫内周辺が断熱材などで覆われており，ヒーターで直接庫内を温めて温度調節を行うタイプです．水を使用しないため，設定温度まで急速に到達して安定します．複数の人と共有する場合はドアの開閉が頻繁になるので，このタイプを推奨します．しかし，停電などの不測の事態では，水を使用していないため温度下降が速くなります．停電時対策としては非常電源につなぐ必要があります．また，このヒーターを利用して，庫内を乾熱滅菌や蒸気滅菌できるタイプもあり，メンテナンスが容易になります．

2 インキュベーターの設置

空調の近くや直射日光が当たる場所に置くと，インキュベーター庫内の温度や湿度に影響を与えます．また，人の往来が多い場所やホコリが溜まりやすい実験室の端などは避け，床に直置きしないようにします．人が前を歩いたり，ドアを開閉するたび気流によりゴミやホコリが舞い上がり，菌がインキュベーター内に入り込むことでコンタミの原因になります．培養器内にムラができないよう水準器などを用いて水平に設置し，できる限りクリーンベンチの近くに置くことで，培養容器を移動する際に起きやすい密度の偏りや微生物汚染のリスクを軽減するようにします．

季節によっては実験室の温度設定にも注意が必要です．実験室のエアコンなどを消してしまうと，冷蔵庫やフリーザーから発せられる熱で，実験室全

体の温度が上昇し，インキュベーターが適切な温度を保つことができなくなる場合があります．

3 インキュベーターの設定と管理

インキュベーターの設置が完了したら初期設定を行います．使用するうえで重要な点は，庫内の温度やCO_2濃度の確認を怠らないこと，湿度を保つための水を枯渇させないことです．インキュベーターはこれらを制御して，生体内と同じような環境をつくり上げているため，どれか1つでも欠けてしまうと，細胞に重大なダメージを与える可能性があります．

温度

インキュベーターの温度表示は，日常的に確認するようにします．さらに，インキュベーターの中に温度計を入れておき，定期的にインキュベーターの温度表示と合っているか確認することを推奨します（**5**参照）．また，細胞をインキュベーターに入れた後に，扉が完全に閉まっていないと，徐々に温度が下降してしまう場合があるので注意が必要です（扉センサーが付いているタイプもあります）．

CO_2濃度

CO_2濃度も，温度と同様に日常的にチェックするようにします．CO_2はボンベから供給されますが，インキュベーターごとにボンベが直接繋げられて脇に置かれていたり，実験室や施設ごとに集中配管により一括管理されていたりします．CO_2は，培地を適切なpHに保つために重要な役割をしています（第1章-3参照）．このpHの急激な変化は細胞にかなりのダメージを与えますので，インキュベーターのドアの開閉は，できる限り少なくするようにします．ドア開閉は，庫内のCO_2濃度だけでなく，温度や湿度も急激に下げてしまいます．また，設定値に戻そうとするために無駄な電力やCO_2を多く使用することになりますので，開閉は短時間にします．

CO_2の残量チェックも重要なポイントになり，必ず予備のボンベを確保しておき，いつでも交換できるようにしておきます[※1]．新しくボンベを交換した時は，ガスレギュレーターやチューブからガス漏れがないか，ガス漏れス

※1：CO_2ボンベの交換方法
①ガス圧調整器（レギュレーター）を閉めます．②空になったCO_2ボンベの元栓を閉めます．③レギュレーターを外し，新しいボンベに取り付けます．④CO_2ボンベの元栓を開けます．⑤レギュレーターを開けて，二次圧を調整します．

プレーなどで必ずチェックします．また安全を考慮し，ボンベが地震などで倒れないように，ボンベスタンドを使用して鎖で固定するような耐震対策も必要です．

水

水はインキュベーター庫内の湿度を一定に保つためにも必要になります．もし枯渇して庫内の湿度が下がると，急激に培地が蒸発し濃縮されることで細胞の浸透圧バランスが崩れ，細胞にダメージを与えるので注意が必要です．さらに，インキュベーターのセンサーや内部にも影響を与え，故障の原因にもなるので，水の管理は徹底するようにします．チェック表などを作成したり，補充する日をあらかじめ決めておき，補充を忘れないようにします（水量センサーや湿度センサーが付属しているタイプもあります）．

使用する水にも注意が必要です（コラム参照）．水に菌の増殖を抑える試薬（防腐剤）を添加する人がいますが，不揮発性で細胞に毒性がないこと，インキュベーター庫内に不具合を生じないことを確認できるものを使用する必要があります．基本的には，できる限り何も添加せずに，定期的に加湿用トレイごと洗浄して新たに水を入れることを推奨します．汚い水を使用していると，それが蒸気として庫内に蔓延するためコンタミの原因になります．防腐剤を添加した水が少なくなった場合は，加湿用トレイから水をすべて取り出

コラム

加湿用の水は……水道水？ 蒸留水？ イオン交換水？ 超純水？

結論から言いますと，「滅菌した蒸留水」です！多くの人は，滅菌した超純水（ミリQ水[※2]）を使用しています．この超純水などは，イオンが除去されているため，インキュベーター庫内や内扉ガラス，加湿用トレイからイオン成分を溶出してしまい，結果的に，庫内腐食，センサーなどの故障にもつながります．

また，水の腐敗を防ぐ目的で，滅菌した水道水を使用している人も多くみられます．水道水にはたくさんのミネラルや不純物が含まれているため，インキュベーターだけでなく，細胞にも悪影響を与えます．よって，「滅菌蒸留水（pH7〜9，50 K〜1 MΩ）」が最も安全です．

滅菌蒸留水は防腐剤が入っていないため，すぐに微生物の温床になりがちです．そのため，水が減っていなくても，1週間に一度，水の交換を行い，加湿トレイごと洗うことを推奨します．

※2：MILLI-Q（ミリQ）は，メルク社の登録商標です．

し，よく洗浄してから滅菌処理をします．時間がない場合などは，蒸発した分と同じ量の水だけ（防腐剤を含まない）を補充します（水が減っている状態は防腐剤が蒸発せずに濃縮されている状態になっています）．

4 インキュベーターのメンテナンス

細胞培養に適した環境を調えることは，他の微生物の増殖にも適した環境を提供することに他ならず，そのコンタミをいかに防ぐかが重要になるため，定期的なメンテナンスが必要です（微生物が繁殖しないような環境下では細胞も育ちません！）．

庫内清掃

庫内は70％エタノールで拭き，庫内のフィルターも定期的に交換するようにします．インキュベーターの種類によっては庫内を乾熱滅菌できるタイプもありますが，乾熱滅菌する前にも，エタノールでの清掃が必要です．きちんとメンテナンスしていれば，インキュベーターは20年近く使用できると言われています．もしコンタミが起きた場合は，細胞を廃棄するだけでなく，必ずインキュベーターの清掃が必要です[※3]．

5 温度，CO_2濃度のゼロ点補正と校正調整

庫内温度やCO_2濃度は長期間使用していると，設定値と実際の値がズレてしまう場合があるので，定期メンテナンス時には必ずゼロ点補正や校正を行います[※4]．

また，校正は庫内温度とCO_2濃度が安定しているときに実施します（通常は朝一で！）．これらが一定になっていない状態（ドア開閉後など）で校正を実施すると誤った値になるため注意が必要です．メーカーに温度とCO_2濃度の校正を依頼することもできますが，CO_2ガステスターや温度測定器を購入して自分で校正することもできます．

CO_2を制御しているセンサーには主に2種類あります．TC（Thermal Conductivity）センサーと，IR（Infrared）センサーです．TCセンサーを搭

※3：インキュベーターへ細胞を入れる場合は，必ず，手にグローブをつけ，エタノール消毒してください．細胞を庫内に入れるたびに，手に付着した菌が中に入るのを防ぐためです．
掃除を忘れがちなのは，培養容器を見る顕微鏡です．顕微鏡のステージが汚れていると，培養容器の裏側にも微生物が付着し，そのままインキュベーターやクリーンベンチへ運ばれてしまいます．

※4：インキュベーターで培養中の培地が赤紫色（アルカリ性）になっている場合は，CO_2が適切に循環されていない可能性がありますので，ゼロ点補正や校正を行い，CO_2が適切な濃度になっているか確認します．

載しているインキュベーターは安価ですが，熱伝導率で濃度を測定するため，温度や湿度の影響を受けやすく測定が難しくなります．また，ドア開閉後には設定濃度までの回復に時間を要します．

一方，IRセンサー搭載のインキュベーターでは，赤外線で濃度を測定するため，周辺の環境に影響されず正確な値が測定でき，ドア開閉後でも急速に設定濃度に回復しますが高価になります．

ちなみに，細胞培養ではCO_2インキュベーターが主流ですが，近年はO_2濃度も考慮する研究者が増えています．できる限り生体内の状態に近くするために，O_2濃度を抑えた状態で培養するインキュベーターも販売されています．また，冒頭のCaseにもあったような昆虫細胞の培養には，冷却機能がついたインキュベーター[※5]が販売されており，容易に低温環境をつくることができます．

インキュベーターの準備・定期的なメンテナンスは，コンタミのリスクを防ぐばかりでなく，細胞培養を問題なく円滑に進め，貴重な時間や労力，研究費を無駄にしないことにつながります．

(野口道也)

細胞の声
トラブルの　温床になる?!　インキュベーター
CO_2インキュベーターを適切に設定・メンテナンスする習慣は，円滑な研究の遂行に大切です．

参考文献

Thermo Scientific, Back to Basics, Technical Note：TNCO2CAREFEED 0514. 2014

環境省 フロン排出抑制法HP：http://www.env.go.jp/earth/ozone/cfc/law/kaisei_h27/

※5：フロン回収・破壊法が2015年に改正され（フロン排出抑制法），冷却機能付きのインキュベーターは冷媒の種類によって定期的な簡易点検とその結果を機器が廃棄されるまで保管することが法令で義務づけられています．

第1章 細胞培養の準備はできていますか？　Ⅱ 培養に必要となる設備や備品

12 遠心操作は「低温の方が細胞に優しい」と思っていませんか？

Case

常識度 ★★★☆☆　　危険度 ★★☆☆☆

大学院生のNさんは，今まで大腸菌を使って組換えタンパク質の実験をしていましたが，新たに細胞を使った実験を始めることになりました．さっそく細胞バンクから細胞を購入して，培養を始めましたが，翌日に顕微鏡で観察すると，ディッシュに付着せず浮いている死細胞が多く見られました．その後も細胞は増えることがなく，実験に使用できませんでした．添付されたデータシートを確認しましたが，培養条件や培地組成に問題はなく，原因がわかりませんでした．そこで先輩に相談したところ，「融解での遠心操作に問題があったのではないか」と指摘されました．Nさんは，特に遠心機の設定を変えずに使用していました．

キーワード ▶ 遠心の温度，遠心回転数

用途によって適切な遠心条件があります

　遠心機は生物系や化学系の実験には必要不可欠であり，細胞培養においてもさまざまな状況で使用する実験機器です．主に細胞を回収する際に使用し，主な用途としては，融解直後の凍結保護剤や継代で使用するトリプシンなどの剥離剤の除去，また浮遊細胞の培地交換などがあります．

　遠心機は，使用する前に温度設定や遠心回転数※（遠心力）を必ず確認する必要があります．細胞培養の際にも適切な遠心条件があり，実験目的や細胞の種類によっても多少異なりますが，一般的な細胞培養時（融解・継代）の

※：ご使用の遠心機のローターによってrpmが同じでも×gは異なるので，再現性の観点から遠心条件は×gでの記載が推奨されます．ただし，日本ではrpmが一般的なため，この稿ではrpmで記載しています．

遠心条件は，温度は室温（特に設定しない），回転数は1,000 rpm（180×g）程度で，時間は3分間を推奨しています．

分子生物学の実験では，試料が分解しないように4℃で遠心する場合が多く，また目的の試料を回収するために高速回転（5,000～10,000 rpm以上）で遠心する場合があります．そのため，細胞にダメージを与えないようにと考えて，あえて「低温」で遠心してしまう人が多くみられます．通常，細胞は液化窒素タンク，または－150℃の超低温フリーザーで保管されています（－80℃の冷凍庫での長期保管は避けてください⇒第2章-15参照）．そして細胞培養を開始する際には，融解操作で37℃まで温められます．その状態から遠心分離操作で4℃の状態まで下がり，再びインキュベーターで温められることになると，急激な温度変化は細胞へかなりのダメージを与えてしまい，結果的に細胞の生存率を下げてしまいます．また高速回転は，さらなる細胞へ直接的なダメージを与え，ペレットが過度に固く集まってしまいピペッティングでもほぐれにくくなる場合がありますので，注意が必要です．

誤った条件で遠心することは，細胞の生存率低下，増殖不良など実験に支障をきたすため，細胞購入元のデータシートや論文などをよく確認することも重要です．

コラム1

RPMとRCFは同じではありません！
～遠心条件に記載されているrpm，×g，RCFとは？～

遠心条件にあるスピード表示は，1,000 rpmだったり，180×gと記載されている場合があります．また，RCFという表記もよく見られます．どれも遠心回転数を表している単位ですが，rpm（revolutions per minute）は1分間あたりの回転数を，g（gravity）は細胞にかかる相対遠心力（RCF：Relative Centrifuge Force）を表しています．単位のrpmはローターの半径によって変化しますが，×gは使用するローターの大きさに依存しません．そのため，×gはどのようなタイプの遠心機でも共通で，ローターの種類にかかわらず適用できます（自動でg/rpmを計算するボタンが付属しているタイプの遠心機もあります）．次の数式でrpmから×gへ簡単に変換できます（ホームページなどで数字を入力することで容易に計算することもできます[1]）．

$$g = 1.118 \times 10^{-5} \times 回転半径(cm) \times 回転数(rpm)^2$$

遠心機の準備

1 細胞培養に必要な遠心機

　遠心機は，上限回転数や試料の量（使用するチューブサイズ）などによっていくつかの種類に分けることができます．高速で遠心できる高速遠心機や超高速遠心機などもありますが，細胞培養の実験では，主に下記を使用します．

卓上低速遠心機

　上限回転数5,000 rpm程度で，容量50 mLまでに対応しているものが多く，冷却装置が付属しているものもあります．細胞培養においては前述したように，回転数はそれほど必要なく，冷却せずに室温で遠心するので，このタイプの遠心機で十分対応できます．

微量高速遠心機

　上限回転数15,000 rpm程度で，容量2 mLまでのマイクロチューブに対応しているものが多く（50 mLチューブに対応したものもあります），通常は冷却装置を備えています．

2 ローターの種類

　遠心機の回転軸に取り付けて回転させる部分（ローター）は，いくつか種類がありますが，一般的に使用されているものはスウィングローターとアングルローターの2種類になります．ローターにも容量や上限回転数が決められているため，実験の目的にあわせて選ぶ必要があり，ローターを使い分けることにより，同じ遠心機でもさまざまな種類の遠心チューブを回転させることが可能になります．

　通常の細胞培養にはスウィングローターを使用します．このローターは，遠心チューブを保持するバケットが可動構造になっており，ローターの回転数が上がっていくと遠心方向に水平になります．細胞はチューブの側面に当たることなく直接チューブの底に集まります．また，回転数の上限が5,000 rpm程度と低くなっています．

遠心分離操作での注意

　遠心チューブには規定以上の試料を入れないようにします．遠心分離中に試

料が蓋に付着したり，こぼれたりします．また，遠心効率が悪くなることで，細胞の回収量が減少してしまうことがあります．また，遠心管の外側に培地やゴミが付着していないかよく確認します．付着していると遠心機内が汚れてしまい，コンタミのリスクが上がってしまいます．遠心を開始したら，設定した回転数に到達するまでは遠心機から離れないようにして，液量の違いなどでバランスが崩れたり，大きな振動が起きたりしたら，すぐに止められるようにします．現在ではオートバランス機能が搭載されており，厳密に液量をあわせなくても問題ない機種もあります．

遠心操作後は，細胞のペレットを必ず確認します．遠心したつもりが，実際は作動しておらず，それと気付かずに細胞が懸濁されたままの培地を吸って廃棄してしまうことを避け，さらに，回収できた細胞の量を確認するためです．

遠心機の点検，メンテナンス

すべての遠心機は，設置後の点検はもちろんのこと，定期的に自主点検する必要があり，これは法令で義務づけられています（コラム2参照）．また，遠心機使用前と使用中の点検の他に，使用後のメンテナンスも非常に重要になります．スウィングローターのバケットなどは定期的に潤滑油を塗り，使用しないローターは遠心機から外しておきます．また，冷却遠心機は使用後そのままにしておくと，内部が結露するため，蓋を開けて内部を乾燥させます．遠心機内が汚れている場合は，中性洗剤を含ませた布で汚れを落とし，

コラム2

遠心機自主検査の規則

遠心機は，労働安全衛生規則により，年に1回は自主検査を行い，その結果を3年間保存しなければなりません．また，マイクロチューブを遠心するような卓上小型微量遠心機も検査の対象になります（ホームページより遠心機自主検査票の書式がダウンロードできます[2]）．

さらに，冷却機能付きの遠心機に関しては，使用されている冷媒にもよりますが，フロン回収・破壊法が2015年に改正され（フロン排出抑制法），対象機器は，定期的に簡易点検とその結果を機器が廃棄されるまで保管することが法令で義務づけられています．

70％エタノールなどで軽く拭き上げて乾燥させます（アルカリ・塩素系洗剤は絶対に使用しないでください）．メンテナンスは事故防止だけでなく，故障や細胞のコンタミを防ぐことにもなるため，定期的に実施することが重要です．

　万が一事故が起きた場合，点検を怠ったことで重大な責任を問われる可能性があります．そのためにも，定期点検やメンテナンスが重要になります．特に，安全装置の付いていない古いタイプの遠心機をまだ使用している場合は非常に危険なため，重大な事故が起きてしまう前に安全装置付きの遠心機に買い替えることを推奨します．

　また，頻繁に法令や規則も変わるため，厚生労働省などのホームページ[3]や所属施設の安全管理部署へ定期的に確認することも重要です．

（野口道也）

細胞の声
回しすぎ　冷やしすぎには　ご用心
タンパク質にはタンパク質，核酸には核酸，そして細胞には細胞に至適な遠心条件があります．

参考文献
1) トミー精工HP 遠心加速度[遠心力] G換算シミュレーター：http://bio.tomys.co.jp/products/centrifuges/acceleration_simulator/
2) トミー精工HP 遠心機「定期自主検査票」書式：http://bio.tomys.co.jp/support/2013/05/17/docs/QTS-13I1252%20centrifrge.pdf
3) 厚生労働省HP 労働安全衛生規則：http://law.e-gov.go.jp/htmldata/S47/S47F04101000032.html

第1章 細胞培養の準備はできていますか？　Ⅱ 培養に必要となる設備や備品

13 位相差顕微鏡のしくみ，知らずに使っていませんか？

Case

常識度 ★★★☆☆　　危険度 ★☆☆☆☆

大学院生のK君は，自分で新しく合成した新規化合物の評価のために研究室で細胞培養を始めることにしました．研究室にはクリーンベンチやインキュベーターとともに顕微鏡があったので，HeLa細胞を培養してみることにしました．細胞の培養を開始して細胞観察を行ってみると，本やインターネットで見る細胞の形とは全然違う細胞しか見えませんでした．自分の培養が下手で，細菌ばかり増やしてしまったのか不安になってしまいました．

キーワード ▶ 細胞写真

細胞の観察に必要な位相差顕微鏡を正しく使うには……

　細胞の観察には位相差顕微鏡が欠かせません．しかしながら位相差顕微鏡の使い方をきちんと理解している人は少ないのが現状です．位相差顕微鏡は無色透明な細胞を染色することなく観察するために非常に便利な顕微鏡ですが，対物レンズ（の位相リング）に適した位相差観察用コンデンサーのリングスリット（ドーナツ型）を選択する必要があります．これをしないと観察像がボケてしまって，本やインターネットで見る細胞の写真とは違うように見えてしまいます．

位相差顕微鏡に関して

1 位相差顕微鏡の概要と原理

　位相差顕微鏡とは，光線の位相差をコントラストに変換して観察できる光学顕微鏡のことであり，標本を無染色・非侵襲的に観察できるため細胞の観察に重宝されています．通常の明視野観察では，無色透明なサンプル（細胞など）は，明暗や色の情報がなく目で見ることができません．一方，位相差顕微鏡では，サンプルを通過する照明光の「回折光」と「直進光」との光路の差（位相のずれ）を利用して観察します．これにより明暗のコントラストが付くため透明なサンプルでも観察をすることができるのです（図1）．

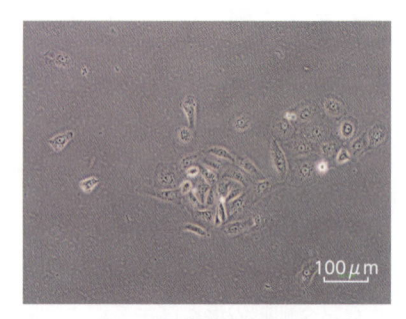

図1　位相差顕微鏡（対物レンズ10倍），VERO細胞観察写真

2 位相差顕微鏡の構造と使い方

　構造は光学顕微鏡に専用の位相差コンデンサーと位相差対物レンズを導入したもので，細胞を観察するのに適しているのは倒立位相差顕微鏡です．通常細胞は無菌培養されているため，ディッシュやフラスコを開放することができないので，倒立顕微鏡で培養容器の下から観察することになります．観察する際は位相差顕微鏡のステージに細胞培養容器をセットし，レボルバーを回して観察したい倍率（通常は低倍率）の対物レンズをセットし，位相差観察用コンデンサーのリングスリットを対物レンズに適合したものを選択して観察します．培養初心者には，このスリットが対物レンズに適合していないもののまま観察している場合が見受けられるので注意が必要です（図2）．

図2　位相差観察用コンデンサーのリングスリットが適していない場合の位相差顕微鏡（対物レンズ10倍），VERO細胞観察写真

そのほかの顕微鏡

倒立位相差顕微鏡のほかにも多くの顕微鏡が存在します（図3）．光学顕微鏡としては昆虫や植物，動物の組織解剖などに使用される実体顕微鏡や，蛍光標識した分子の観察を行う蛍光顕微鏡などがあります．一方で光の代わりに電子（電子線）をあてて拡大する電子顕微鏡も，光学顕微鏡では実現できない高倍率画像を取得するために使用されます．

図3　位相差顕微鏡ではない光学顕微鏡（対物レンズ10倍），VERO細胞観察写真

写真の記録

細胞の培養状況を記録するうえでは非常に有用となるのが写真の記録です．細胞バンクにおいても分譲した細胞がどのような形態をしているのかを，実際使用する研究者に知っていただくために細胞の写真を細胞情報として提供しています．これによって研究者は，使用している細胞が形態的に問題無いのかどうかチェックすることができます．また，毒性試験や薬理効果を試験する場合においても細胞形態を記録するには写真を撮ることが非常に便利です．写真撮影は顕微鏡に接続したカメラ（デジタルカメラ）で撮影することも可能ですが，このような専用のカメラが無い場合には，接眼レンズに一般的なデジタルカメラを押し付けて撮影しても，ある程度鮮明な細胞写真が撮影可能です．

（小原有弘）

細胞の声

位相差は　リングスリット　忘れずに

細胞観察に便利な位相差顕微鏡ですが，レンズの位相板とコンデンサーのスリットのあわせ忘れに注意しましょう．

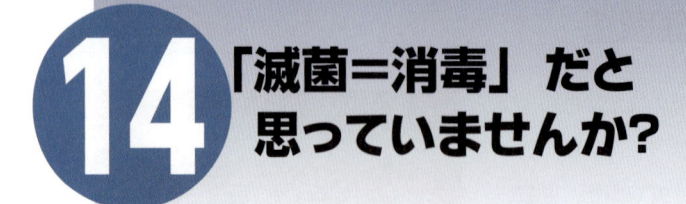

第1章 細胞培養の準備はできていますか？　Ⅱ 培養に必要となる設備や備品

14 「滅菌＝消毒」だと思っていませんか？

Case

常識度 ★★★★★　　危険度 ★★☆☆☆

細胞を使って実験を初めて行うKさんは，研究室にあった器具をアルコール消毒して準備し，購入した培地を使って細胞培養を開始しました．翌日観察すると，培地が濁っていて，顕微鏡で観察すると棒状の黒いものがたくさん見られました．先輩Sさんに相談して顕微鏡で細胞を見てもらったところ，バチルスと言う大桿菌に汚染されていると言われてしまいました．

キーワード ▶ 滅菌，インジケータ

培養に用いる器具の滅菌は……

　細胞培養はすべてにおいて「無菌」が前提です．Kさんはアルコール「消毒」を行った器具を使って培養を行ったので，完全な無菌状態を確保することができず，このような微生物汚染が起こってしまったのです．バチルスはブドウ球菌，酵母，カビなどとともに環境中にいる微生物で，器具や培養操作に問題があった時には細胞を汚染してしまいます．このような微生物の汚染を起こさないようにするため，安全キャビネットなどの培養環境整備を行い（第1章-9参照），実験者も相応の実験着を着用するとともに，滅菌された培地，試薬，器具を使用することが必須になります．いずれが欠けても汚染の原因になります．

器具の滅菌を確実に行う

1 消毒と滅菌の違い

　「消毒」は人体に有害な病原微生物を感染させないレベルまで除去または無

害化することであり，すべての微生物の殺菌を目的とする「滅菌」とは異なります．器具をアルコール消毒するだけでは，「無菌」を実現することができません．培養に用いる器具は確実な滅菌方法を用いて準備する必要があります．

2 滅菌方法（表）

滅菌方法には，加熱滅菌法，照射滅菌法，濾過滅菌法，ガス滅菌法などさまざまな方法がありますが，滅菌する対象物（素材）や目的によって方法が異なり，また設定条件も違ってきます．実験室で使う器具の多くは，酸化エチレンガス滅菌済もしくはガンマ線による放射線滅菌済の市販のディスポーザブルのものですが，ここでは繰り返し使う器具など，細胞培養を行う実験室で主に使用されている滅菌方法について記載します．

①火炎滅菌法（ガスバーナーなどの火炎中で焼いて殺菌する方法）

主に白金耳，線などが対象で細菌学実験の基本ですが，細胞培養では試験管などのモルトン栓（綿栓），キャップなどの開閉時に試験管口を滅菌するために行うことがあります．火を直接扱うため，周りで引火性・可燃性の試薬の使用はしない，火傷をしないよう操作に気を付けるなどの注意が必要です．

表　実験室でよく使われる滅菌方法とその長所・短所など

滅菌方法名	方法	長所	短所	注意事項	使用例
火炎滅菌法	滅菌したい部分を火炎中に斜めに挿入して灼熱するまで焼く	確実，手軽な滅菌法	被滅菌物を損傷する	火を直接扱うので取り扱い注意　可燃性溶剤などの近くで行わないこと	試験管の綿栓などの開閉
乾熱滅菌法	160～180℃　0.5～2時間	水に弱い物に利用できる　乾燥状態が維持できる	培地，プラスチックなど高温に耐えないものは不適	高温のため，十分に常温に戻してから開扉する	ピペット　ガラスびん
高圧蒸気滅菌法	115～129℃　10～30分間	短時間で深部にまで熱が浸透し，殺菌できる　材質の劣化や変質が少ない	高圧のため，取り扱いには注意が必要　水に弱い材質のものには不適	蓋は1気圧以下で開扉する　液体は突沸する場合があるので不用意に揺らさない　空焚きをしないように水量は確認する　蒸気口は詰まらないようにする	フラスコ　ビーカー　培地
濾過滅菌法	滅菌済注射筒に滅菌する液体を入れ小型ディスポーザブルフィルターを通す	微生物のみ除去するので，可溶性で熱に不安定な物質を含有する液体が殺菌できる	マイコプラズマなど細菌より小さい微生物は除去できない	細菌より小さい微生物は対象外	培地　添加試薬
紫外線滅菌法	殺菌灯	一定空間内の空気などの殺菌ができる	透過力が低いため，表面のみの殺菌となる　皮膚や目に障害を受ける	反射光も用い一様に照射できるように工夫が必要　照射空間に入らないこと	実験環境　実験室への搬入器材　実験着

②乾熱滅菌法（乾燥空気中で加熱することによって微生物を殺菌する方法）

　　乾燥高温に耐えられるガラス製，磁器製，金属製もしくは繊維製の物品などが対象となり，特に水分を嫌うものや乾燥状態を維持したいものに用いられます．器具を金属缶や紙で包んで160〜180℃，0.5〜2時間加熱して滅菌を行います．常温に戻してから開扉しないと，外部からの空気が勢いよく内部に侵入してしまい，せっかく行った滅菌操作が無駄になってしまうことがあるので注意が必要になります．

③高圧蒸気滅菌法（オートクレーブ滅菌：圧力釜の原理で殺菌する方法）

　　高温高圧水蒸気に耐えるガラス製，金属製，ゴム製など多くのものの滅菌に利用され，液状の水，培地などにも利用されています．115〜129℃，10〜30分間で，所要時間・コストが少なく，適用範囲が広いため汎用されています．しかし高圧で使用するため，機器の取扱説明書をよく読んで操作し，空焚きしないように水量の点検をする，庫内に器具を詰め込み過ぎない，蒸気が上から下へ通りやすいように配列する，熱源の近くは設定温度以上になる場合があるため距離をおいて使用する，などの注意が必要です．また水道

コラム1

滅菌の確認方法

滅菌したいものがきちんと滅菌されたかどうかを確認することは，滅菌操作を行ううえで非常に重要です．これを確認するための方法は2種類あります．

①滅菌条件の確認
　（ケミカルインジケーター）

テープやラベルを滅菌したいものとともに滅菌し，滅菌条件をクリアすると，文字表示や発色するというもの．

②滅菌の効果を判定確認する
　（バイオロジカルインジケータ）

滅菌操作後にインジケーターに入っている芽胞が生存しているかどうかを確認することにより滅菌が確実であったかを判定する方法．

試験紙型やチューブ型がありますが，滅菌後培地の中に入れることにより，菌の発育を培地色の変化で検知する方法です．培養する必要があり，時間を要します．

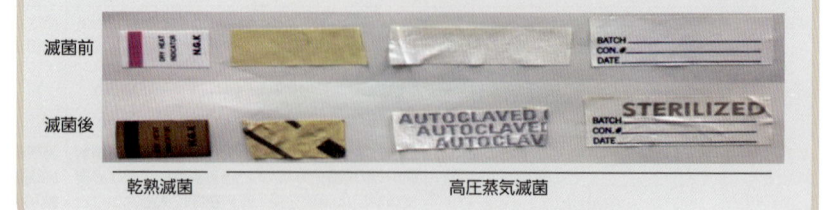

水を庫内に使用すると塩素により金属を腐食させたり，ミネラルなど微量の不純物が付着して残り，シミやサビの原因となったりするので純水を使用することをおすすめします．

④**濾過滅菌法（孔径0.22 μm以下のフィルターで微生物を除去する方法）**

　血清や，熱によって分解しやすい成分，加熱すると酸化するものなどを含んだ培地などから除菌する場合に行います．しかし，細菌より小さな微生物（マイコプラズマなど）は通過するので注意が必要です．

⑤**紫外線滅菌法（254 nm付近の波長をもつ紫外線照射により殺菌する方法）**

　加熱滅菌できない器具を殺菌灯の下において，密閉して照射する方法がとられます．薬液消毒に比べて耐性菌が出現しないとされています．

(川口英子)

> **細胞の声**
> ## 滅菌が　いい加減だと　いのちとり
> どんなに操作がうまくても，器具の滅菌が不十分ではオシマイです．完璧な滅菌方法を習得しましょう．

参考文献

第十四改正日本薬局方 1244 参考情報 11 微生物の殺滅法

『細菌学実習提要 改訂5版』（東京大学医科学研究所学友会／編），pp.23-31，丸善，1976

コスモバイオホームページ：
http://www.cosmobio.co.jp/product/detail/00740004.asp?entry_id=2376

コラム2

微生物に汚染されてしまった培地などは再滅菌して使用できる？

研究者からよく質問される話として，「いったん汚染してしまった培地を再度滅菌して使用することが可能かどうか？」というものがあります．いったん汚染してしまった培地は汚染していた微生物（生命体）が死んでも，産生されたエンドトキシンなどの影響が考えられるので絶対に使用してはいけません．貴重なものは細胞株でも培地でも小分けにして万が一の場合に備える必要があることを肝に命じてください．

第1章 細胞培養の準備はできていますか？　Ⅱ 培養に必要となる設備や備品

15 使用済みの培地を流しに捨てていませんか？

Case

常識度 ★★★★☆　　危険度 ★★★★★

F君は研究テーマを深めるために，新たに培養細胞を使った実験を始めることになりました．細胞培養を行っている先輩に，培養方法を教わり，細胞の融解方法や継代方法の手順を一通り理解したところで，自分も培養を始めてみることにしました．教わった手順通りに細胞を継代し，その日の作業は終了しましたが，ここで初めて片付けの方法を教わっていなかったことに気づきました．先輩は先に帰ってしまったので連絡もつきません．仕方がないので，培養に使ったゴミは近くのゴミ箱に捨て，使った培地は流しに流して，ベンチをきれいにして帰りました．翌日，先輩に知らせたところ，先輩は頭を抱えて青ざめてしまいました．F君は何を失敗してしまったのかわからず，困ってしまいました．

キーワード ▶ 産業廃棄物，感染性廃棄物

実験計画を立てることは重要ですが実験後の片付けも重要です

　新たに研究を始める際は，実験計画を立て，予想される結果に思いを巡らし，実験にとりかかる期待感でいっぱいかと思います．そのため見落とされがちなのが，実験後に出る廃棄物の処分や片付けのルールについてです．私たちが普段生活するうえでも，燃えるごみ，燃えないごみ，資源物と，分別したり，物によって処分の方法を変えたりするように，実験で出た廃棄物も，決められたルールに従って適切に処分する必要があります．

生物試料の危険性

　細胞培養は動物およびヒトの細胞などの生物試料を直接取り扱うことになります．細胞は動物やヒトの血液・組織から採取されるという特性上，人獣共通感染症，ヒト細胞ではウイルス（HIV，HTLV，EBV，HCV，HBVなど）や病原性微生物（結核菌，スピロヘータなど）によって汚染されている可能性があります（第3章-3，4，第4章-4参照）．そのため，公的細胞バンクや培養細胞の販売元では，これらいくつかのウイルスや細菌の汚染の有無を検査したうえで提供・販売している場合があります．しかしながら，これまでに発見されているすべての種類の病原性微生物について確認されているわけではなく，検査されているものについても，検出感度の問題やたまたま偽陰性になってしまった可能性も否定できません．また，今までに発見されていない未知の感染源によって汚染されている危険性もあります．そのため，細胞を取り扱う研究者は，培養細胞には感染源が含まれている可能性があることを考慮して取り扱う必要があります．細胞に触れた物や，触れた可能性がある器具や培地は，ウイルスやカビ，微生物などの感染源を確実に不活化できる処理を行ったうえで廃棄する必要があります．

コラム

ゴミはゴミでも……

研究活動で出る廃棄物は産業廃棄物や感染性廃棄物に該当するものが含まれるため，廃棄物の処理および清掃に関する法律に従って適切に処理する必要があります．これらの廃棄物の処理は事業者が責任をもって行う必要があるため，研究機関ごとに廃棄物の処理が規定されています．所属する機関によって，廃棄物の分別や処理方法の詳細が異なる場合があるため，研究を始める前に，必ず所属機関の廃棄物の処理方法を確認し，わからないことがあれば廃棄物処理に係る担当部署に相談することが大切です．

廃棄物の種類と処理方法

①使用済みのディッシュやディスポーザブルピペット

　オートクレーブバックに回収し，オートクレーブで滅菌後，不燃物として廃棄します．

②ディッシュやピペットの包装

　可燃物として廃棄します．

③細胞培養に使用した培地

　オートクレーブ滅菌後に廃棄します．滅菌後は通常の下水処理で処理可能ですが，研究機関によって廃棄処理の方法が異なる場合があるため，所属機関の廃棄物処理に係る部署に相談し，指示に従います．

④注射針，注射筒，メスの刃

　特別管理産業廃棄物に該当します．感染性廃棄物として所属機関の規定に従って廃棄します．

（藤岡　剛）

細胞の声

廃棄物　処理するまでが　培養です

細胞培養で生じるゴミは特別な処理を要するものがほとんどです．実験前に準備しておきましょう．

第1章 細胞培養の準備はできていますか？　Ⅲ 細胞の入手・輸送

16 細胞の身元不明のまま培養を始めていませんか？

Case

常識度 ★★★☆☆　　危険度 ★★★★☆

大学院生の〇さん．教授から肝臓がんの研究テーマを与えられ，肝臓がん由来の細胞株を使うことになりました．助教の先生に相談したところ知り合いの研究者から送ってもらうことになり，実験を開始しました．さて，研究が進み，いよいよ論文投稿することになったのですが，エディターに指摘されて細胞認証試験を行ったところ，なんと，肝臓がんではなく，肺がん由来の細胞株と同一であることが判明しました．

キーワード ▶ 細胞の入手方法

学会や論文で目にして使いたいと思った細胞，あなたはどうやって手に入れますか？

主に次の方法があると思います．

- 自分が所属する研究室で代々保存されている細胞をもらう
- 知り合いの研究者からもらう
- 細胞樹立者からもらう
- 細胞バンクから購入する
- 民間企業から購入する

細胞培養を行っている研究室には，ディープフリーザーや液体窒素タンクに多くの細胞が保存されています．日付が古く，知らない先輩の名前が書かれてあったり，場合によってはいつ凍結したのかよくわからないといったバイアルも見つかったりします．

さて，もらった細胞は本当にその名前の細胞でしょうか？ たとえば，浮遊細胞だと言われて受け取った細胞が，線維芽細胞のように接着して伸展している

表　国内外の主な公的細胞バンク

JCRB細胞バンク	http://cellbank.nibiohn.go.jp/	
理研バイオリソースセンター CELL BANK	http://cell.brc.riken.jp/ja/	
ATCC (American Type culture collection)	http://www.atcc.org/	国内代理店：住商ファーマインターナショナル（株）
ECACC (European Collection of Cell Culture)	https://www.phe-culturecollections.org.uk/collections/ecacc.aspx	国内代理店：DSファーマバイオメディカル（株）
DSMZ (Leibniz-Institut DSMZ-Deutsche Sammlung von Mikroorganismen und Zellkulturen GmbH)	http://www.dsmz.de/	

のを見れば，おかしいと思ってすぐに気がつくでしょう．しかし，もし違う浮遊細胞だったら形態だけ見て気が付くでしょうか？　完全に入れ替わっているかもしれないし，混ざっているかもしれません．知り合いにもらって使用する場合も全く同じで，本当にその細胞なのかどうかは形態だけで判断することはできません．冒頭のCaseのようにヒト由来の細胞どうしの取り違え以外に，ヒトだと思っていたらマウスだったという動物種自体が異なっていた事例もあります．

　このような事態を避けるためには，細胞バンクから購入するとよいでしょう．国内外には表に示したような公的な細胞バンクがあり，細胞認証試験の他，一般微生物の汚染検査やマイコプラズマ汚染検査，ウイルス検査など，品質検査が行われた細胞が分譲されています．それぞれのホームページ上で検索ができ，細胞名の他，臓器名や産生タンパク質などのキーワードの入力でも目的の細胞株を見つけられるようになっているので便利です．また，正常組織由来初代培養細胞や末梢血由来単核球などは，民間の企業で多く取り扱われています．

　バンクや企業にない場合は，樹立者や研究者に連絡をとって入手するしかないわけですが，ここで注意したいのは，樹立者から直接入手したからといって本当の細胞かどうかは確定ではないということです．実際，樹立時から他の細胞に置き換わっており，その細胞自体，はじめから存在しなかったという事例もあるのです（第3章-5参照）．したがって，このような方法で入手した場合は，できるだけ早いうちに細胞認証試験を行ってください．あわせてマイコプラズマ汚染検査も行うとよいでしょう（第3章-2参照）．また，細胞バンクから入手しても，培養するうちにいつどこで取り違えや混入が起きるかはわからないので，大量に初期ストックを作製し，実験の都度使い切りにしたり定期的に検査を行うようにしましょう．

さて，細胞が手に入ることになったら培養の準備をしましょう．届いたらすぐに培養を開始するのが理想ですが，すぐにできない場合は液体窒素タンクに保存しましょう．ディープフリーザーでの長期間の保存はおすすめできません（第2章-15参照）．

Case

常識度 ★★★★★　　危険度 ★★★☆☆

大学院生の〇さん．今度こそ失敗しないようにと細胞バンクに分譲を依頼しました．1週間後，細胞が届きました．よし，培養を始めようと思ったのですが，指定の培地が手元にありません．すぐに始めたい〇さんは冷蔵庫の中に別の培地を見つけ，これでも大丈夫だろうと思って血清を添加して培養を開始しました．翌日，顕微鏡を覗くと細胞の元気がありません．数日様子を見ていましたが，なかなか細胞は増えてきません．血清も指定通りの濃度で添加したのにどうしてだろうと〇さんはまた落ち込んでしまいました．

キーワード ▶ 培養前の準備，培養方法の確認

あなたは料理をつくるとき，まず何をしますか？

はじめに肉や野菜，調味料など，必要な材料を準備するでしょう．つくり慣れていないメニューなら，レシピ本を見て段取りを確認してからつくり始めると失敗が少なくてすみます．火をつけて炒め始めてからあれが無い，これが足りない，次は何？などとやっていては，時間もかかり，焦げたりすることもあるでしょう．

細胞培養も同じです．始める前に，細胞の情報を集めておくことでスムーズに進めることができます．一番よいのは培養経験者に教わることですが，教わるにしても，前もって調べて必要なものを準備しましょう．

簡単なチェック項目リスト（図1）をつくりました．細胞バンクのWEBページには，細胞ごとに情報が記載されています（図2）．例として，JCRB細胞バンクのページを見ながら，次のようなことを調べてこのリストにチェックを入れていってください．

細胞の入手		凍結ストックの作製	
☐	細胞名	☐	凍結保存液
☐	細胞の由来組織	☐	凍結日
☐	細胞の入手先	☐	細胞数，生存率
☐	細胞の入手日	☐	液体窒素タンクへの移動，保管場所
☐	バイアル中の細胞数と生存率	☐	
☐	バイオセーフティーレベル	☐	
培地などの準備		**その他**	
☐	基礎培地	☐	細胞認証試験
☐	血清	☐	マイコプラズマ汚染検査
☐	添加因子	☐	ウイルス
☐	PBS，細胞剥離液	☐	表面抗原
☐	培養容器のコーティング	☐	
培養			
☐	増殖（有限・無限）		
☐	細胞の形態（接着・浮遊・半浮遊・凝集）		
☐	継代の方法〔剥離液・ピペッティング・simple dilution（希釈）・その他〕		
☐	培養時の細胞密度		
☐	継代時の split ratio		

確認した項目には☑を入れましょう

図1　細胞培養チェックリスト

本チェックリストをデータでダウンロードしてご活用いただけます．詳細は240〜241ページを参照ください．

細胞の入手

①細胞名は大文字小文字きちんと正確に書きましょう．似たような名前の細胞株も多いので，由来組織も確認してください．また，どこ（誰）から，いつ入手したのかを記録しておくと，問い合わせの時に便利です．

②バイアルに入っている細胞数や，③生存率を確認します．これを参考に解凍する時の培養容器サイズを決定します．

培地などの準備

④使用する培地を確認します．血清や成長因子が必要な場合は濃度もしっかり確認しましょう．Caseのように，勝手に培地を変更する人がいます．色々な培地の組成表を見ると，塩類，グルコース，アミノ酸など，一見どれもそれほど差はないように思うかもしれません．実際，指定の培地以外で培養できるものもありますが，指定でない培地を使用した場

細胞番号	JCRB1434	① 細胞名	KYSE1260
培養ロット番号	11082011	培養種別	distribution
④ 培地	RPMI1640(GIBCO) and Ham's F12 medium(SiGMA)(1/1) with 5% heat inactivated fetal bovine serum(SIGMA027K03911)	培養温度	37 C
継代時細胞数（濃度）	0.2-1.5x10^5 cells/sq.cm	⑤ 継代方法	Cells were harvested after treatment with 0.25%trypsin (GIBCO) and 0.02% EDTA.Split (1/3-1/5)
⑦		②	
③ 増殖速度	NT	凍結時生細胞濃度	3.00x10^6
凍結直後生細胞率	96.2	使用抗生物質	free
継代数	p5*	PDL数（プライマリ）	NT
マイコプラズマ検出	-	細菌汚染検出	-
原生生物汚染検出	NT	アイソザイム検査・動物名	NT
染色体モード	NT	染色体情報	NT
表面抗原	NT	DNA Profile (STR)	D5S818:11,12 D13S317:8 D7S820:11,12 D16S539:10,11 VWA:14,17 TH01:9 Amelogenin:X,Y TPOX:8 CSF1PO:10,12
⑥ 接着性	Yes	導入外部遺伝子	NT
凍結培地	Cell Banker BLC-1(Nihon Zenyaku Industries)	炭酸ガス濃度	5 %
SCFREQ		RFPL所見	NT
前ロット番号	deposit		

図2　JCRB細胞バンクのWEBに記載されている細胞株情報
例：KYSE1260細胞株.

合，必須の成分が含まれていなかったり，培養条件に馴化された細胞が急に環境が変わったことによって増殖不良が起きたりする恐れがあります（第1章-7参照）．実験の都合上培養条件を変えたい場合は，まず指定の条件でストックを作製してから，変更するようにしましょう．

⑤継代方法を見ると，剥離液が必要かどうかわかります．接着細胞の継代には，ピペッティングのみで剥離できるものを除き，多くの細胞がトリプシンやEDTA，コラゲナーゼ，ディスパーゼなどの剥離液を必要とします．また，細胞によっては，ディッシュやフラスコといった培養容器にコラー

ゲンなどのコーティングが必要なものがあります．その場合は自分でコーティングするか，コーティング済みの容器を購入しておきましょう．

培養

⑥細胞が浮遊なのか接着なのか確認してください．浮遊細胞を接着細胞と思い込み，細胞が接着せず浮いて死んでいる，と慌てる人もいます．形態写真があれば一目瞭然ですが，無くても，接着か浮遊か，半浮遊か，といった情報は記載されているので必ず確認してください．⑤継代方法を見ることで浮遊か接着かを予想することもできます．

⑦解凍や継代する時の播種密度や，コンフルエントになったときの細胞密度を知っておくことは，細胞培養を行ううえで非常に重要です．解凍時に低密度で播種すると増殖不良が起きることが多々あります．また，継代して何日で何倍になるかを知っておくと，実験の予定も立てやすくなります．例にあげた細胞で見てみましょう．細胞密度は0.2〜1.5×10^5/cm^{2}となっています．つまり，60 mmディッシュ（21 cm^2）に約4.2×10^{5}個で播種すれば，コンフルエントになった時3.2×10^{6}個くらいあることが予想できます．

細胞密度の情報がなくても，⑤継代時のsplit ratioがあれば，その細胞の増殖速度がある程度予測できます．例にあげた細胞は1/3〜1/5と書いてあるので，ディッシュ1枚で始めると次に3〜5枚に継代できるということになります．もし1/2 once two weeksと書いてあれば，2週間に2倍にしかならないのですから，ずいぶん増殖の遅い細胞だという

コラム

細胞名は同じなのに異なる細胞株，PC-3とPC-3

細胞株にはさまざまな名前がつけられていますが，命名の方法に取り決められたルールはなく，由来組織や病名に因んだり，所属する大学や研究所名の頭文字を使って枝番をふったり，と樹立者が好きなようにつけているのが実情です（第3章-10参照）．PC-3という細胞株がありますが，実は2種類存在しているのをご存知でしょうか．どちらもヒトの細胞ですが，1つは肺腺がん，もう1つは前立腺がんから樹立された細胞株です．もちろん同じ人からではありません．そのほかにも，MKN7とMCF-7（それぞれ乳がんと胃がん由来）というようにそっくりな名前の細胞株もあります．細胞を手に入れるときは，細胞名だけでなく，由来組織や樹立者名など他の情報も必ず確認するようにしましょう．

ことがわかります．もちろん，継代の際の細胞の状態によってどのくらいに希釈できるかは多少変わってきますが，おおまかな目安になります．

凍結ストックの作製

培養をはじめたら，早いうちに凍結ストックをつくりましょう．また，凍結した細胞がきちんと起眠できるかどうか，解凍して培養できることを確認しておきましょう．

その他

細胞に特徴的な表面分子の発現や産生タンパク質の情報などがあれば特記しておきましょう．

また，培地やPBS，剥離液などは，各細胞ごとに準備し，ボトルやチューブには細胞名を書きましょう．たとえいくつかの細胞で同じ種類の培地を使うようになっていたとしても，決して同じボトルを使用してはいけません．これはヒューマンエラーから起きる細胞のクロスコンタミネーションを防ぐためです．PBS 1本をすべての細胞に使用する人がいますが，絶対にやめましょう．

（小澤みどり）

細胞の声
培養も　急がば回れ　準備から
事前の下調べや準備で多くのトラブルは回避でききっと実験の成功につながるでしょう．

第1章 細胞培養の準備はできていますか？　Ⅲ 細胞の入手・輸送

17 「培養している細胞は永久に増やせる」と思っていませんか？

Case

常識度 ★★★☆☆　　危険度 ★★★☆☆

大学院生のHさんは線維芽細胞を実験に使いたいと思い，同じ研究室の大学院生Iさんがちょうど培養していた線維芽細胞を分けてもらいました．細胞は順調に増殖していたので，そのまま培養を続けていました．しかし，数回の継代後のある日，この細胞を実験に使おうと思ったのですが，細胞の増殖がほとんど止まっており，細胞形態も今までとは異なり細胞質が肥大化していて，とても実験に使えるような状況ではありませんでした．よくよくIさんに細胞の由来を確認してみると，譲り受けた線維芽細胞はマウスの胎仔から初代培養を行い，そこから増やした細胞であることが判明しました……．

キーワード ▶ 有限増殖細胞，クライシス，細胞株

培養すればどんな細胞でも増やすことができる!?

　Hさんは「培養できる細胞はいつまでも培養を続けられる」と思い込んでいたようです．しかし，培養細胞には「初代培養細胞」（生体組織から分離して培養した細胞であり，なおかつ継代操作をしていない培養細胞）から，数回～数十回の継代培養が可能な「有限増殖細胞」，無限増殖能を獲得した「不死化細胞」までがあります．有限増殖細胞の代表例はCaseにもあるような動物正常組織由来の細胞で，培養を続けるうちに増殖能が無くなり最終的には死滅してしまいます（クライシス）．一方，不死化細胞の典型的なものはがん組織由来の細胞です．もちろんがん細胞のすべてが生体外で無限増殖できるというわけではありませんが，古くから研究に使用されている不死化細胞

の多くはがん組織由来です．生体内で無限増殖するという性質から考えると理解しやすいでしょう．近年では分子生物学的手法の発達により，有限増殖細胞にSV40ウイルスのLarge T抗原，ヒトパピローマウイルスのE6/E7，テロメラーゼ複合体中の逆転写酵素TERTなどを強制的に発現させて細胞を不死化させる方法もあります．また，近年話題のES，iPS細胞のような万能細胞も不死化細胞です．

このように培養細胞には有限寿命の細胞と不死化細胞があることは，実験などに使用する際には留意すべきポイントです．ちなみに，すべての培養細胞は初代培養からはじまるわけですが，由来する組織や細胞によっては初代培養すら難しいものが多々あります，というよりも生体を構成する正常細胞の多くはまともに培養できないといっても過言ではありません．現在，研究には多くの培養細胞が使用されるようになってきましたが，それでもまだまだ研究資源としては限られた材料なのです．ですから実験に使用する培養細胞に関しては，研究目的を鑑みて，どのような細胞を用いるのが適切なのかをよく吟味する必要があります．

コラム

ヒト由来細胞は不死化しにくい！

動物種によって細胞不死化の起こりやすさに違いがあることが経験的にわかっています．通常，初代培養から細胞系を確立し，そのまま培養を続けると染色体異常などが原因となり増殖が停止して死滅していく，いわゆるクライシス状態に至ります．マウスなどのげっ歯類の細胞は培養を続けるだけで，自発的にこのクライシスを超えて再び増殖をはじめる（細胞不死化）ということが比較的高い頻度で起こります．これに対し正常ヒト組織に由来する細胞は単に培養を続けるだけではクライシスを超えることは皆無と言ってよいでしょう．したがって，現存するヒト細胞株（不死化細胞）は生体内で無限増殖能を獲得したがん組織に由来するものが多いのです．これを逆手にとってがん関連遺伝子などを培養細胞に強制的に発現させて細胞不死化を誘導するということが近年盛んに行われています．このような視点から考えると，正常な染色体を有し無限増殖能もあるヒトES細胞がいかに不思議な細胞であるかがわかると思います．

培養細胞に関する用語

　ここで培養細胞に関する基本的な用語を整理しておきます〔以下は『生物学辞典』（第4版，岩波書店，2002）による〕．

　【培養細胞】……生体外で培養維持されている細胞．
　【細胞系】………初代培養から継代培養によって生じる，全ての細胞．
　【細胞不死化】…細胞培養の条件下で動物細胞が半永久的な増殖活性を獲得し，死滅することなく増殖し続けるようになること．
　【細胞株】………①細胞寿命を超えて不死化し，培養条件下で安定に増殖し続けられるようになった細胞．②選択あるいはクローニングによって分離された特異な性格あるいは遺伝学的標識をもつ培養細胞系．

　これら用語の定義は研究者コミュニティーにおいて完全なコンセンサスを得ているものではなく，他の辞典で調べると若干ニュアンスの違いはあります．しかしながら，基本的に前記を理解していれば特に問題ありません．余談になりますが，前記の用語に関してしばしば「細胞株になったという判断はどの時点で，どのようにするのか？」と質問されることがあります．これについては明確な解答があるわけではないのですが，私自身としては「安定的に増殖・維持できるようになったものは細胞株と考えて差し支えない」と思います．ただし，細胞の性質は継続培養とともに変化する可能性も高いので，安定培養が可能になったら定期的に細胞の性状を確認することをおすすめします．

(寛山　隆)

細胞の声
細胞培養 ≠ 不死化細胞
安定にも培養できている細胞でも，有限増殖細胞かもしれません．普段から確認するクセをつけましょう．

第1章 細胞培養の準備はできていますか？　Ⅲ 細胞の入手・輸送

18 送り先の環境や季節を考慮せずに細胞を輸送していませんか？

Case

常識度 ★★★☆☆　　危険度 ★★★★☆

大学院生のNさんは，細胞を使って実験をしています．今年の夏から，別の研究室と共同研究をすることになり，所属する研究室が樹立した細胞を送ることになりました．凍結していた細胞を取り出し，ドライアイス入りの発泡スチロール箱に詰めて，宅配便で発送しました．数日後，共同研究のラボから，「細胞は無事に届いたが，受け取った箱の中にはドライアイスがほとんどなく，細胞が溶けかけていた．到着後すぐに培養を開始したが，生存率が悪く，培養できなかった」と連絡がありました．Nさんは，十分な量のドライアイスを入れていたと思っていました．

キーワード ▶ 細胞の梱包，輸送手段と温度，ドライシッパー

細胞には適切な輸送方法があります

　共同研究などで，細胞を別の研究室へ輸送することがよくありますが，できる限りトラブルは避けたいものです．特に貴重な細胞になるほど，さらに，海外に送る場合などは金額も高額になるため，送付先に到着した細胞が輸送中にダメージを受けると，貴重な細胞だけでなく時間とコストが無駄になってしまいます．細胞の品質を保持するためにも，適切な輸送方法を理解して，安全に送付先へ送ることが重要です．

　細胞を輸送する場合，「生細胞」または「凍結細胞」の状態で送る2種類の方法があり，それぞれ注意する点があります．

1 生細胞で輸送する場合

　生細胞の状態で送る際は，フラスコなど密栓できる培養容器に培地を満たして送り，汚染防止のために蓋の周辺にプラスチックパラフィンフィルムなどを巻き付けます．温度をできる限り一定に保つため，季節やその時の気温にあわせて，保冷剤（夏）や携帯用使い捨てカイロ（冬）などを入れて送ります[※1]．万が一，輸送中に培養容器が割れた場合を考慮して，外部に培地がこぼれ出さないように液体を吸収するもので包んでおくことも必要です．

　また，細胞はコンフルエントになる前の状態で送るようにします．生細胞の状態で送る場合，送付先は受領後すぐに培養を開始する必要があるため，事前に細胞の情報を伝え，培地などの準備ができているか確認することが重要です．こうすることで，送付先はすぐに培養を開始することができ，さらに，融解操作や立ち上がりの難しい細胞であっても，安定した状態での培養が可能になります．

　生細胞を受領した際には，細胞がコンフルエントの状態になっていなければ，培地は吸い取らずにそのまま一晩インキュベーターへ入れて培養し，輸送中にコンタミがなかったか確認します．コンフルエントになっていれば，すぐに継代培養を開始します．

2 凍結細胞で輸送する場合

　凍結細胞で送る方が一般的で安全性が高い方法になります．しかし，細胞の生存率は，輸送中の温度に非常に大きく左右されるので注意が必要です．冒頭のCaseのように夏の暑い季節では，十分なドライアイスが発泡スチロール箱に満たされていないと輸送中に温度が上昇し，細胞がダメージを受けてしまいます[※2]．

　凍結チューブをドライアイスの中に入れる際の注意点としては，凍結チューブとドライアイスが輸送中に密着していることが重要です．また，凍結チューブをさらに別の容器や袋などに入れる場合，熱伝導性が低いプラスチック製のチューブやケース，吸水して溶けてしまうような紙製のものは避け，可能

※1：これらを入れる際には，極端な温度変化を防ぐため培養容器に接触させないように梱包してください．「携帯用使い捨てカイロ」を入れる場合は，空気中の水分が必要となるため，輸送箱は密封せずに空気穴を開けておく必要があります．

※2：一般的に入手可能な小型の発泡スチロール箱に満たした場合，3〜5 kgは必要になります．ただし，輸送にかかる日数により変動します．

であれば，事前に冷やしたアルミ製の袋を使用します[※3]．そして，発泡スチロール箱底へ敷き詰めたドライアイスの上へ凍結チューブを入れ，さらに，その上からドライアイスで隙間なく満たします．ドライアイスが細胞に触れる表面積を増やすために，ブロックタイプのものではなく，適当な大きさに砕いたものか，ペレットタイプのものを使用します．大きいままのドライアイスで輸送すると，時間経過とともにドライアイスが溶けて凍結チューブとの接着面が少なくなり，輸送中の振動で破損したり，保冷効果が減少したりします．しかし，破損を防ぐ目的で緩衝材などを入れてしまうと熱伝導が低くなり，かえって細胞が十分に冷やされなくなる可能性があるので，注意が必要です．パウダータイプでは前述した問題を解決しますが，すぐに溶けてしまうため保冷効果の持続時間が短くなります．

　宅配便などで細胞を送る場合は，天候や交通事情で輸送が遅延する場合があります．特に繁忙期や年末年始などは，細胞の発送は避けるようにして，余裕をもって十分なドライアイスを入れることが重要です．また，自家用車で輸送する場合は，換気が悪く狭い空間の車中では，大量のドライアイスから気化した炭酸ガスにより酸素欠乏になる場合があり，非常に危険なため注意が必要です．

　細胞が届いたら，ドライアイスの残量や細胞名を確認し，すぐに培養を開始するか，しばらく培養しない場合は，液化窒素タンクへ保存するように事前に打ち合わせすることが，再培養の開始に失敗しないことにつながります[※4]．

国内発送の注意点

　前述した適切な輸送方法に加えて，国内発送でも目的地によっては，ドライアイスの量に注意が必要です．翌日に届く範囲であれば通常便や冷蔵便でも問題ありませんが，気温や輸送方法による温度変化の影響は非常に大きい

※3：密閉性が高い袋の場合，温度変化で袋が破裂する恐れがあるため，小さな穴を開けておく必要があります．
※4：相手先には細胞到着後，すぐに－150℃のディープフリーザー，もしくは液化窒素タンクに入れて保存してもらうように伝えることが重要です（液相でなく気相タンクに保存すること．液化窒素流入による微生物汚染，チューブ破裂などを防ぐため）．－80℃での保存は，最長でも１週間にとどめ，必ず－150℃以下の条件で保存するようにお願いしてください（第２章-15参照）．

ため，送付先の地域や配送ルートなどにかかわらず常に冷凍便で送り，ドライアイスの量に余裕をもたせることを推奨します．また，宅配サービスの冷蔵便や冷凍便は，あくまでも食品腐敗防止を基準にしているため，輸送中にはかなりの温度変化（室温に置かれるなど）があるため注意が必要です．

海外発送で気を付けること

1 ドライアイスの取り扱い

　海外へ輸送する際には，輸送先によって手続きや生物試料のバイオハザード対応が異なり複雑になるため，事前に輸送先の規制について調べておく必要があります．また，輸送業者によっては，ドライアイスによる輸送に対応していない国もあるので，その場合は，対応している業者に依頼するようにします．ドライアイスは，海外発送時では危険物に指定されています．しかし，保冷の目的で使用する場合は，輸送容器の外箱に国際航空運送協会（IATA）[1]が指定する危険性ラベルの貼付とドライアイスの重量の記載，また規定の方法での梱包をすることにより（外箱は炭酸ガスが放出されるように密封しないようにする）危険物申告書が必要なくなります．

　海外発送でよく起きるトラブルは，飛行機の遅延，税関などでの検疫チェックのため，細胞が空港で止められてしまうことです．その際，適切なタイミングでドライアイスを追加できる業者に依頼しないと，輸送容器内の温度が上昇してしまいます．細胞が少しでも融解すると，凍結保存液の影響により，生存率低下や増殖不良になり細胞の性質に影響が出て，最悪の場合，死滅します（第2章-13参照）．細胞の品質を保つためにも，生物試料輸送に精通している信頼の高い輸送業者を選択することが重要です．輸送費用が安く生物試料の取り扱いに慣れていない輸送業者の場合，ドライアイスを追加できなかったり，追加するタイミングが悪く，細胞を目的地まで安全に輸送することができない可能性があります．それぞれの輸送業者に生物試料を送る際の取り扱いについて確認することが重要です．生物試料の取り扱いに慣れている輸送業者は，必要書類（検疫，通関手続きなど）の準備や作成，適切な梱包方法まで指示してくれますが，費用が高額になることがあります．

2 輸送許可証の取得

　輸送先によっては，さまざまな許可証の取得が必要になります．特によくトラブルになるのは，細胞の培地に添加しているFBSの原産国を明記するよう要求がある場合です．さらに，細胞の種類によっても異なり，鳥類の細胞をアメリカへ輸送する場合は，事前に米国農務省（USDA）より細胞輸入許可証の取得が必要になります．また，オーストラリア，中国，台湾などでは，すべての細胞に対して許可証の取得が必要です．さらに，中国，韓国では日本の検疫証明書（獣医師のサインが必要）の提出が義務づけられています（いずれも2015年現在）．そのほかにも，書類が複雑になるケースや法令が変更になったりする場合が多々あるので，時間に余裕をもって調べて準備することが重要です[※5]．

ドライアイス以外の安全な輸送方法：ドライシッパーによる輸送

　凍結細胞の輸送方法では，ドライアイスで輸送する以外に，容器内に液化窒素を吸着させて－190℃以下の状態で輸送できる「ドライシッパー」というものがあります．このドライシッパーは，－190℃を1週間以上保持することが可能であり，以前からマウス胚や臍帯血の輸送に使用されています．気温の影響をほとんど受けることがなく容器内の温度が一定に保たれるため，細

コラム

各国によって変わる対応

海外では国によって，かなり規制が変わるため，細胞を輸送する際には，注意が必要です．書類作成時の細胞名においても，些細な表記違いにより税関で止められてしまう可能性があります（例：書類では，細胞名がRCB001と記載されていたが，チューブにはRCB0001となっていた……など．0の数が1つ足りない！）．相手国の研究者が取得する許可証と凍結チューブの細胞名の表記などが一致しているか確認することが重要です．

なお，海外への輸送も国内と同様に，その国の繁忙期や年末年始の輸送は避けるようにします．

※5：国際社会の安全性を脅かす国家やテロリストへ軍事転用可能な技術が渡ることを防ぐための法律（外国為替及び外国貿易法）があり，輸送できない国もあります．また，絶滅のおそれがある野生動植物種の保護を目的としたワシントン条約においても，規制対象の生物由来細胞は送ることができませんので（第4章-8参照），事前に確認することが重要です！

胞へのダメージを最小限に抑えることができます．また，Vitrification法（ガラス化法）で凍結されたヒトiPS・ES細胞においても−190℃以下の状態で輸送する必要があるため，国内発送においてもこのドライシッパーを使用して輸送します．

　液化窒素の空輸は航空法で禁止されていますが，ドライシッパーは液化窒素が吸着材に吸着され横転しても外に漏れ出ない構造になっているため，IATAでも認証されており，海外輸送においても非常に有用です．ドライシッパー本体は高価なものですが，何度も繰り返し使用でき，さらに貴重な細胞を送る際のリスクが軽減できるという利点があります．しかし，海外に送る場合では，ドライシッパーを返却してもらう輸送費がかかるため，輸送業者が保有するドライシッパーを利用して（輸送できる国に制限があります）コストを下げることもできます（Cryoport[2]など）．業者によっては，このドライシッパーに温度ロガー（温度測定記録装置）が設置してあり，万が一の場合に備えて，常に容器内温度の記録が追跡できるようになっているものもあります．このドライシッパー輸送では，ドライアイスに比べ，長時間低温を保持できるため，輸送途中における予想外のトラブル（フライトや検疫の遅延など）にも対応できます．

（野口道也）

細胞の声

宅配便　過信してると　大惨事

日本の優れた流通システムにおいても，適切な方法で輸送しないと細胞にはストレス．細胞の輸送には細心の注意を心掛けましょう．

参考文献
1) 国際航空運送協会（IATA）HP：http://www.iata.org/Pages/default.aspx
2) Cryoport HP：http://www.cryoport.com

第2章 細胞の培養操作に慣れていますか？　Ⅳ 基本事項

1 「細胞株は変わらない」と思っていませんか？

Case

常識度 ★★☆☆☆　　危険度 ★★★★☆

Kさんが所属する研究室には，長年，多くの学生に利用されてきた細胞株のストックがあります．最初のステップとして，研究室において20年前に樹立された日本人男性の正常細胞K230細胞の培養を始めることになりました．この男性本人は現在も健全であり，染色体の本数に相違が生じるような変化はみられませんが，論文として発表された解析と同じ実験をしたところ，この細胞は染色体数が44, 45本からなり，Y染色体が検出されず過去のデータとは異なりました．念のためSTR解析による細胞認証で利用した細胞に間違いないことは確かめましたが，同じはずである細胞を使っても再現性を導くことができず，ボスが書いた過去の論文に不信を抱きました．他の研究室で発表された論文との再現性もとれず，細胞培養の実験をする意欲と自信を失いました．

キーワード ▶ 長期培養，継代数，不均一性

細胞を培養することによる影響

　ヒトの正常な男性の細胞の染色体構成は22対からなる常染色体が44本とXYの性染色体が1本ずつ合わせて46本です．しかしながら，たとえ正常なヒトの組織に由来する細胞を培養していたとしても，細胞培養を通じて染色体が正常な状態で維持されているという保証はありません．培養している細胞において染色体数に変化が検出された場合には，細胞培養という環境の影響であると考えられます．染色体レベルにおける変化がみられるとすれば発

現にも影響を及ぼしている可能性があり，解析の内容次第では過去に得られた結果または論文で公表されているデータを再現することは難しくなります．培養条件の変化は細胞の性質に変化をもたらす可能性があり，指定の培養液，血清の濃度に従うことも培養を通じて細胞が変化するリスクを減らすために重要です（第1章-6，7参照）．

細胞培養における過信

　細胞株は *in vitro* における実験モデルとして広く研究に利用されています．細胞培養を通じて増えた細胞は由来する細胞と同一であることを前提とすれば，細胞株を利用した実験から得られるデータには再現性が期待されます．しかし，固形腫瘍由来の細胞株の場合，起源となる組織の多くが不均一な細胞集団から形成されており，個々の細胞に着目した染色体解析では継代数によって異なる細胞集団から構成されていることがみられます．細胞培養の技術は再生医療，免疫療法において活用されており，治療方法の1つとしても位置づけられるようになりました．培養細胞を利用した解析を行ううえでは，より一層，培養を通じてリスクが生じる可能性も十分考慮する必要があります．正常細胞に由来する細胞株においても，Caseのように細胞培養の過程を通じて染色体レベルにおけるゲノムの変化が生じることが報告されています．

長期培養による細胞の変化

　国際幹細胞イニシアチブによる研究では，長期培養後の細胞株を解析した

コラム1

不均等な細胞分裂〜多様な細胞集団からなる細胞株〜

染色体の本数を分析すると，必ずしも1つのピークではなく，分散していることがあり，染色体数が細胞によって異なることを示しています．正常な細胞分裂では元の細胞と同一な娘細胞が2個形成されますが，細胞株では細胞分裂時に染色体の分配が不均等になり，母細胞とは異なる娘細胞が形成されることもあります．例えば3極分裂が観察される場合には，3つの細胞に均等に染色体が分配されることはなく，染色体数は娘細胞ごとに異なり，多様な染色体構成から形成された細胞集団になります．

結果として，ヒトES細胞においてゲノムに変化が生じる可能性があり，特定の染色体に起きやすいことが報告されています[1]．STR解析による細胞認証では，長期培養した細胞においても由来する細胞を特定することができますが，長期培養による細胞の変化を評価することはできません．細胞培養を通じてゲノムが変化する可能性をふまえれば，細胞株の質が重要になります．培養した細胞を利用する場合には，細胞の質をチェックする解析も重要です．培養にともなうゲノムの変化を捉える方法としては，個々の細胞における分析にもとづく染色体レベルの解析が有用です（第3章-6参照）．染色体の本数を調べることにより，細胞株の質を評価する1つの指標になります．長期培養で細胞の質が変化することを避けるために，細胞のストックを用意することで，継代数を抑えるようにすることも大切です（第2章-16参照）．また，細胞バンクから品質管理され継代数が明確な質の高い細胞株を入手することにより（第1章-16参照），再現性の高い実験を導くことができるでしょう．

（笠井文生）

細胞の声
細胞株と 言えども変わる 染色体
細胞の継代数はなるべく抑え，長期にわたり培養された細胞では品質管理のため染色体を調べましょう．

参考文献

1) International Stem Cell Initiative：Nat Biotechnol, 29：1132-1144, 2011

コラム2
マイクロアレイのプロファイル～染色体分裂像との不一致～

マイクロアレイを用いてゲノムを解析した結果は，DNAのコピー数の増減で示されます．正常において，常染色体は2コピー，性染色体は1または2コピーであることに対して，3コピー検出された場合にはすべての細胞で増加が生じていることがわかります．しかし，コピー数が1.4，2.7など整数値にならない場合があり，一部の細胞において増減が生じていることになります．このような場合，増加と減少が同じ細胞で生じているのかは不明であるとともに，アレイのプロファイルと一致する染色体構成からなる細胞は存在しないことになります．

第2章 細胞の培養操作に慣れていますか？　Ⅳ 基本事項

2 無菌操作の要点を理解せずに培養していませんか？

Case

常識度 ★★★★★　　危険度 ★★☆☆☆

F君は新たにHeLa細胞を使った実験を始めることになりました．F君自身は今まで細胞培養を行ったことはありませんが，同じラボの多くのメンバーは細胞を使った実験を行っているため，凍結・融解や継代などの培養操作は何度も見たことがあります．ひと通りの操作方法は頭に入っていますし，操作自体は単純でそんなに難しそうにも見えないので，B先輩にHeLa細胞を分けてもらってとりあえず培養を始めてみました．ところが毎週毎週，同じラボの他のメンバーの細胞にはコンタミは起きないのに，自分の細胞にばかりコンタミが起きてしまいます．「ピペットで培地を吸ったり出したり，やっている操作は皆と同じなのに，なんで自分だけコンタミするの？ なんて運が悪いのだろう」とがっかりするF君でした．

キーワード ▶ 無菌操作，コンタミ

運が悪い，向いていない……と嘆く前に

　ああ，F君はなんて運が悪いのでしょう！ と考えてしまうのは早計．F君，「ピペットで培地を吸ったり出したりすること」と「きちんと意識して無菌操作をする」ことは，一見，同じようなことをしていても，心構えは全く違うのです．このように，同じ操作をしているようでも，気を付けるべき点をきちんと知っていないと思わぬトラブルを招いてしまいます．F君は本当に「無菌操作」ができていたのか考えてみることにしましょう．

無菌操作

　細胞は栄養塩類が含まれる培地中で培養を行うという特性上，培養容器内に細菌，酵母やカビが少しでも混入してしまうと，これらの微生物が急速に増殖し，ひどい場合は細胞が死滅してしまいます．これらの細菌，酵母やカビは空気中や実験台上のほこり，実験者やその口腔内など，さまざまな場所に存在するため，細胞培養中にこれらの細菌が混入してしまわないように十分気を付ける必要があります．そのため細胞培養は，フィルターで濾過した空気で満たすことで清浄な環境を維持する，クリーンベンチや安全キャビネットの中で，無菌的に作業を行います．この，目的の細胞以外の生物が混入しないように操作することを無菌操作といいます．

無菌操作の注意点

　無菌操作は細胞培養している容器内に微生物などが混入しないようにする操作のことをさしますが，ここでは少し広く，無菌操作を行う環境や用いる器具も含めて，注意すべき点を考えてみたいと思います．

1 培養操作の手技

　無菌操作の基本として，細胞に直接触れる物が汚染されないように作業することが必要です．用いる培養器具のなかで，細胞と接触してよい部分（無菌状態を維持すべき部分，手で触れてはいけない部分）と接触してはいけない部分をはっきりと区別して作業することが必要です．

ピペット操作

　実際に細胞（細胞懸濁液）に接触するのは培養容器の内部，ピペットの先

コラム

丁寧なら大丈夫，ということはありません

コンタミを繰り返してしまう原因をきちんと分析せずに，いつもより丁寧に時間をかけて無菌操作を行えば大丈夫だろうと考えても，コンタミを減らすことは困難です．コンタミを防ぐには，コンタミが起こる原因をきちんと分析し，注意すべきポイントをきちんと押さえて対処することが重要です．

端部と内部，遠心管の内部になります．このうちピペットは，培地やPBSの分取，ピペッティング，容器から容器への移し替えなど，さまざまな作業で使用します．そのため，まず注意しなければいけないのが，ピペットの汚染になります．特にピペット先端は直接細胞に触れるため，ピペット先端がベンチ内の物品や手に接触しないように取り扱い，誤って触れてしまった場合は使用せず，新しいピペットに交換します．

培地，培養容器，遠心管の操作

　培地は細胞を懸濁するのに使用し，培養容器や遠心管は細胞懸濁液と容器内部が接触するため，確実に無菌状態を維持する必要があります．容器の内側を直接，手で触ってしまうようなミスはあまり無いので安心されがちですが，手で直接触らずとも，知らないうちに汚染を広げてしまう場合があります．培養作業はクリーンベンチ内で行いますが，クリーンベンチは上から下に向かう風の流れがあります．そのため，培養容器の蓋を開けたまま，風上側で手を動かして作業していると，培養容器内にほこりや微生物が落下してコンタミしてしまうことがあります．このようなトラブルを防ぐため，培養容器の蓋を開けっ放しにして作業せず，クリーンベンチ内の風向きにも注意して作業することが必要です．

2 培養に用いる試薬・器具の管理

　無菌操作が完璧でも，用いる培地やディッシュ，フラスコ，遠心管などの培養用具，ピペッターやマイクロピペットなどの器具自体が汚染されていると，コンタミを防ぐことができません．培地や培養容器は汚染されないように保管するとともに，使用中に汚染させないように注意することが必要です．

培地

　使用する培地のストックを微生物などで汚染させないように管理することが重要です．また，同じ組成の培地で異なる種類の細胞を培養する場合は，細胞どうしのクロスコンタミを防止するため，細胞ごとに異なるボトルを準備することが望まれます（第3章-5参照）．

ディッシュ，フラスコ，遠心管などの培養用具

　パッケージを開封後は，ほこりが入らないよう密封して保管します．ディッシュやフラスコを取り出す時も，蓋が開かないように注意し，使用前に汚してしまわないように注意しましょう．

ピペッター，マイクロピペット

培地を勢いよく吸い込みすぎて，ピペッターやマイクロピペットの内部が汚染されていることがあります．定期的に分解・清掃を行い，常に器具を清潔に保つことが必要です．

3 培養を行う環境

操作の手技や用いる試薬・器具に問題がなくても，操作を行う環境が悪ければ，コンタミなどのトラブルを防ぐことが難しくなります．クリーンベンチや安全キャビネットなどの機器を正しく使用するとともに，汚染源となるカビや雑菌が繁殖しないような環境を維持することが必要です．

クリーンベンチ・安全キャビネット

空気中に漂う微生物をフィルターで除去し，清浄な空気を送り出すことで庫内を清浄に保ちます．吹き出す空気が清浄でも庫内に汚染源があると無菌的な環境を維持できないため，作業面は消毒用エタノールで拭き，殺菌灯を点けて滅菌しておきます．ファンのスイッチを入れてもすぐには使用せず，5分程度空気を循環させて庫内の気流を安定させてから使用します（第1章-10参照）．

実験室・培養室

ほこりがたまらないように整理整頓を行い，清潔に保つことが必要です（第1章-9参照）．また，培地がついた容器などを放置してカビなどを繁殖させないように，廃棄物はこまめに処理するようにしましょう．

（藤岡　剛）

―― 細胞の声 ――
運が悪い？　毎度のコンタミ　ワケがある
不十分な無菌操作がコンタミを招きます．コンタミが起きた際は，徹底的に原因を考えて改善しましょう．

第2章 細胞の培養操作に慣れていますか？　Ⅳ 基本事項

3 休日を挟んでの培養，油断していませんか？

Case

常識度 ★★★★★　　危険度 ★☆☆☆☆

卒業研究生のHさんは実験に使用する細胞株の培養方法を習得中で，現在は継続的にこの細胞株の培養を続けています．Hさんは週に2回の継代操作を月曜日と金曜日に行っています．週末は土日のどちらかで必ず細胞の状態を確認することにしていました．ある週末，どうしてもはずせない用事が入ってしまいました．Hさんはどうしようかと考えましたが，これまで特に問題なく培養できていたため，週明けにチェックすれば大丈夫だろうと思いました．そして週明けの月曜日，細胞をチェックしようと培養室に入ったのですが，インキュベーターのアラームが鳴っていました．確認してみるとCO_2濃度が下がっていて，炭酸ガスボンベをチェックしたところ圧力は0になっていました．さらに，このインキュベーターで培養している細胞の培地はすべて赤紫色になっていました．顕微鏡で自分の細胞を見てみると，あまり増殖せず形態もいつもと異なっていたため，指導教官に確認してもらうと「この細胞は実験には使えない」と言われてしまいました……．

キーワード ▶ 培養管理，炭酸ガス（CO_2），オーバーグロース

細胞継続培養中の週末や祝祭日には注意！

　Hさんはこれまでに大きな失敗もなく培養操作を続けていて，休日にも研究室に来て細胞をチェックしていました．しかし，休日前に炭酸ガスの残量の確認を忘れてしまっていたのです．インキュベーターの扉の開閉がなくて

も内部の炭酸ガス濃度は下がります．このためインキュベーターは常にCO_2濃度を保つためにボンベから炭酸ガスを補給しているのです．したがって，炭酸ガスボンベの残りが少ない状態で休日を迎えるのは細胞培養においてはとてもリスクが高いことなのです．こうしたケースは週末などの休日に起こりがちで，特に連休が長くなる場合には注意が必要です．また，インキュベーター内に水を張ったバットが置かれていますが，休みの間に水が完全に干上がってしまったということもよく耳にします．この水はインキュベーター内を加湿し，培地中の水分の蒸発を防ぐことが1つの目的ですので，これが干上がってしまうと培地組成が変化し，適正に機能しなくなるため細胞に悪影響を及ぼします．したがって，これも避けなければならないことなのです．このように，細胞培養を行うにあたってはどうしても細胞自体や培養操作に気をとられがちになりますが，細胞を継続的に培養する場合には，インキュベーターなどの培養環境についても常に気を配るようにしなくてはなりません（第1章-11参照）．

コラム

ずさんな管理で細胞が不死化！？

本稿では基本的に細胞株の培養について述べました．現在，研究上で使用される細胞株のほとんどは確立された培養系があり，まずはこれに従い管理も行うべきです．これは初代培養とそこから派生してきた細胞系（第1章-17参照）の培養についても同様のことが言えるのですが，まれにきちんと培養管理していなかった有限寿命細胞系が不死化していたという事例もあります．ずさんな細胞管理と細胞不死化との間に因果関係があるかどうかはわかりませんが，管理がいい加減であるということは細胞に過度のストレス（負荷）をかけているという解釈もできます．このストレスが細胞不死化を惹起する可能性も否定できないのです．偶然の賜物であったとしても不死化細胞を樹立できれば継続培養が可能となり非常に有用な細胞資源となりえます．もちろん"ずさんな管理"を推奨する訳ではありませんが，一見すると失敗と思われるような結果でも思わぬ発見に繋がるということもある，という好例でしょう．日々の実験に失敗はつきものですが，"失敗は成功のもと"とも言いますので，日々，観察・考察を怠らず，粘り強く研究を続けていきたいものです．

インキュベーター以外にも，まだまだある！

　事例であげたのはCO_2でしたが，細胞を継続的に培養するうえで留意すべきことは多くあります．そのなかでもよくある失敗がオーバーグロース（細胞が増えすぎてしまうこと）です．増殖が早い細胞だと週3回の継代操作が必要な場合があります．平日は月，水，金と中1日で行えるのですが，週末はどうしても中2日になってしまいますし，平日でも学会参加や出張などで不在にすることもあるでしょう．こうした状況でいつもどおりの継代操作を行っているとオーバーグロースの状態になってしまいます．これを避けるためには通常よりも細胞密度を低くし，異なる密度で播種したものを複数用意するなどの工夫が必要です．しかし，細胞によっては密度が低いと極端に増殖が悪くなる場合もありますので，自分が培養している細胞の特徴をあらかじめ知っておくことが非常に大切です．そのほか，継続培養時に管理しなければならない項目として細胞特性の変化や微生物汚染があげられます．細胞特性，そのなかでも特に分化能やサイトカイン依存性などについては定期的にチェックしましょう（第3章-8，第1章-6参照）．微生物汚染については，特にマイコプラズマ汚染が継続培養で問題になります．汚染に気がつかないまま培養してしまう可能性があるからです（第3章-2参照）．これらの問題が発生した場合に被害を極力少なくするためには，普段からこまめに細胞を保存することが効果的です．

（寛山　隆）

細胞の声
休暇前　備えて備えて　憂いなし
継続培養中でも休みをとれないことはありません．
ただし，そんな時こそ準備と確認を入念に行いましょう．

第2章 細胞の培養操作に慣れていますか？ Ⅳ 基本事項

4 論文投稿に重要な「培養記録」をちゃんと作成・保存していますか？

Case

常識度 ★★★☆☆　　危険度 ★★★★☆

大学院生のK君は，研究室で細胞培養を開始することになりました．先輩から細胞をもらうことになりましたが，液体窒素タンクの中にチューブに保存された細胞が1本あるのみでした．細胞の名前やどんな培地を使用するかの情報は記録されていましたが，この細胞をどこから入手したのか？　どれくらい培養が繰り返されてきたのか？　誰が保存したのか？　など全く情報がありませんでした．いよいよ研究成果を論文投稿しようとしたところ，その細胞をどこから入手したのかを記載しなければならず，困ってしまいました．

キーワード ▶ 実験記録

細胞の「培養記録」は……

　細胞の培養記録は実験の記録として非常に重要になります．細胞の入手に関する記録，実際の培養経過に関する記録，使った培地，試薬，培養容器などの記録，いつ，誰が，どのような保存を行ったかなど，その細胞を用いて研究していくうえで絶対に必要な情報となります．もしこれらの記録が無ければ，使用した細胞が本当に目的の細胞であるのかを証明することが難しくなります．言い換えれば，論文投稿の際に重要となるのです．したがって細胞を培養する際は必要事項をきちんと記録しておく習慣を，実験者一人ひとりが身につけることが重要になります．また，記録するべき内容が多岐にわたるので，記録するべき内容を研究室のルールとしてまとめておくのがよいです．

培養記録の内容と保管

1 培養記録に記録するべき内容（表）

①細胞入手に関する記録
- いつ，誰が，どこから入手したのかという入手の記録（受け取り記録）
- その細胞の樹立に関する情報（いつ，誰が，どこの研究機関で樹立した細胞であるか？）
- 樹立時の細胞培養方法（培地や継代方法など）に関する情報

を保管します．また，樹立時の論文もあわせて保管すると便利です．細胞バンクから入手した細胞であれば，バンクから提供される書類が代用できます．

②培養に関する記録
- いつ，誰が，何の目的で，どのように解凍したかという記録
- 解凍した細胞の処理〔使用培地（基礎培地，培地添加物，血清濃度など）※〕に関する記録
- 使用培養容器※と操作の内容（遠心速度，洗浄回数など）に関する記録
- 播種・継代時の状況〔生細胞数，死細胞数，使用培地と量，使用培養容器と数，温度，CO_2濃度，継代数・PDL数，継代に用いた試薬と操作（何倍に希釈したか？）など〕に関する記録

を保管します．

③品質管理に関する記録
- どのような品質管理（細菌汚染検査，マイコプラズマ汚染検査，ヒト細胞認証試験など）を実施したかに関する記録

を保管します．

④凍結保存（細胞廃棄）に関する記録
- いつ，誰が凍結をしたのかという記録
- 凍結した細胞〔継代数・PDLの情報（樹立時からの情報が無ければ，入手した時からの情報），細胞数，1本当たりの容量など〕に関する記録
- 凍結方法（凍結保護材，凍結に用いた方法など）に関する記録
- 凍結保存場所（凍結保存温度）に関する記録

を保管します．

※：試薬・容器などはメーカー名，型番，ロット番号を控えておくと問題があった時に対処しやすくなります．

表　培養記録の見本

細胞名	例：Ishikawa 3-H-12
樹立者・樹立機関	例：西田正人先生　筑波大学　（樹立論文あり）

①細胞入手に関する記録

受領日	例：2015年4月21日
受領者	例：小原有弘
入手先	例：JCRB細胞バンク
入手時の状態	例：凍結（ドライアイス梱包）
その他	例：チューブ破損なし
入手細胞の情報	例：バンクから情報提供あり

②培養に関する記録
培養開始・細胞解凍

培養開始日（解凍日）	例：2015年4月22日
培養実施者	例：小原有弘
目的	例：環境ホルモン作用の測定
解凍操作内容	例：培地懸濁後遠心、再懸濁、播種

使用試薬（メーカー, 型番, ロット）
例：MEM (GIBCO, 11095-080, 1638601)

使用培地	例：MEM
培地添加物	例：なし
血清濃度	例：15% non-heat-inactivated FBS
生細胞数	例：7×10^5 cells
死細胞数	例：1×10^5 cells
使用培地量	例：5 mL
使用培養容器×数	例：T-25×1
温度	例：37度
CO_2濃度	例：5%
継代数・PDL数	例：P1＊　（＊の意味は研究室での継代数）

培養操作
重要：操作日ごとに増加する

培養操作日	例：2015年4月24日
培養実施者	例：小原有弘
目的	例：環境ホルモン作用の測定
操作内容	例：継代操作
操作内容詳細	例：PBS洗浄後, Trypsin-EDTAを1 mLで室温3分間処理, 培地2 mLを添加して細胞回収, 遠心（250×g, 5分間）後, 培地10 mLに懸濁後T25×2に播種

使用試薬（メーカー, 型番, ロット）
例：MEM (GIBCO, 11095-080, 1638601)

使用培地	例：MEM
培地添加物	例：なし
血清濃度	例：15% non-heat-inactivated FBS
生細胞数	例：測定なし
死細胞数	例：測定なし
使用培地量	例：5 mL
使用培養容器×数	例：T-25×1
温度	例：37度
CO_2濃度	例：5%
継代数・PDL数	例：P1＊　（＊の意味は研究室での継代数）

③品質管理に関する記録

細菌汚染検査（実施日）	例：細菌検出なし（2015年4月22日）
マイコ検査（実施日）	例：マイコプラズマ検出なし（2015年4月25日）
ヒト細胞認証（実施日）	例：実施済み異常なし（2015年4月26日）
その他	

④凍結保存に関する記録

凍結実施日	例：2015年4月28日
凍結実施者	例：小原有弘
凍結細胞名	例：Ishikawa 3-H-12
凍結細胞数	例：1.1×10^6 cells
容量	例：1 mL
継代数・PDL	例：P3＊
凍結保護材	例：セルバンカー
凍結方法	例：緩慢凍結（BiCell）
保存場所	例：液体窒素タンク（場所：1-8-2）
保存温度	例：-160℃（液体窒素）

本表をデータでダウンロードしてご活用いただけます．詳細は240～241ページを参照ください．

2 培養記録の保管

　培養記録は非常に多岐にわたり，また1つの細胞を多くの研究者が使用することもあるので，実験ノートとは別に細胞ごとに保管すると便利です．このようなルールを研究室単位で構築することで，実験者の出入りがあっても確実な記録を残すことができるとともに，細胞保存容器の中も整理がしやすくなります．

（小原有弘）

細胞の声
記録なき　データはすべて　水の泡
実験と記録はセットだと心得ましょう．面倒くさいと思わないために，習慣化してしまうことが大切です．

コラム1　細胞のロット管理

細胞の凍結保存は非常に便利ですが，大学の研究室などでは人の出入りが多く，凍結されている細胞の由来が不明なことや誰が保存したものかもわからないことがよく見受けられます．細胞の保存管理にはロット管理（1回の凍結作業では同じロットとする）の概念を取り入れて，細胞名，保存の種類（マスター，ワーキング），ロット番号の3つで確実に管理すると，研究室内で細胞の保存が明確にできます．

コラム2　細胞のラベル

細胞のクロスコンタミネーションには細胞ラベルに起因する事例が見受けられます．培養中の培養容器あるいは凍結保存の際のチューブに判別不可能な文字しか記載が無い場合に，細胞の取り間違いが起こってしまうので注意が必要です（写真）．必要事項をしっかりと明記し，細胞の取り違いを起こさないような研究室内のルールが必要です．

チューブの文字が読み取りづらい凍結チューブ

細胞名などの情報が何も記載されていない培養中の細胞培養容器

第2章 細胞の培養操作に慣れていますか？　V 細胞数の計測

5 細胞の計数間違い，機械のせいにしていませんか？

Case

常識度 ★★☆☆☆　　危険度 ★★☆☆☆

I君は浮遊細胞の培養を行っていました．元気がよくすくすく増えている浮遊細胞．培養用フラスコから細胞を回収し，1 mLの細胞懸濁液を調製し，この懸濁液をトリパンブルー液と1：1で混合し，10 μLを全自動のセルカウンターで細胞計数しました．すると……細胞のカウントは始まりますが，細胞数がなかなか表示されません．長い間待たされた後やっと細胞数が表示されました．1×10^8 個/mLという極端に多い値．この値は正確だったのでしょうか？

キーワード ▶ 細胞計数，セルカウンター（自動細胞計数装置）

セルカウンター（自動細胞計数装置）の細胞数計測は速くて正確！？

　セルカウンター（自動細胞計数装置）は，細胞数を迅速にまた簡便に計測する機械です．一般的には，細胞計数は血球計算盤とよばれるスライドグラスに細胞懸濁液をロードして，顕微鏡下でカウントします．10～50個ぐらいの細胞ならば数十秒で，100～200個ぐらいならば数分もあればカウントできるでしょう．細胞懸濁液の濃度を調整する手間はほとんど同じであることを考えると，セルカウンターは細胞をカウントする操作を十数秒に短縮してくれる機械といえます．

　セルカウンターの機械の種類はたくさんあり，さまざまな会社から販売されています（表1）．この種の機械の最も大きな利点の1つは，実験者間でばらつきがあった細胞計数を再現性よく迅速に行えるようにすることです．サンプルが多検体になった場合やトリパンブルー染色で細胞の生死判別なども

表1 セルカウンターのメーカーと特徴の違い

メーカー	ベックマン・コールター	メルクミリポア	ORFLO
型式	Zシリーズ	Muse	MoxiZ
価格	948,000	198,000	458,000
本体のサイズ (W)×(D)×(H)mm	270×360×460	220×206×282	193×135×71
細胞濃度 (cells/mL)	$1×1×10^5$	$1×10^4〜5×10^5$	3,000 cell/mL〜
細胞サイズ	1〜120 μm	2〜60 μm	3〜34 μm
スライド	設定粒子径以上の粒子数	ディスポチップ	ディスポスライド
計測時間	10秒	15秒	8秒
容量	10, 500, 1,000 μL	50 μL	75 μL
オートフォーカス	×	×	×
測定原理	コールター法		
長所	最奥の体積と直径を正確に判別		
短所	アパチャーを細胞ごとに交換または設定し直す必要あり 細胞懸濁液のvolumeが多い		

加わると，細胞計数にかかる時間が増えるので機械を使用するメリットが大きくなります．しかしながら，ここでの過信は，機械だから早くて正確であろうというものです．機械を信頼するあまり，誤った結果を得た前記Caseは何がダメだったのでしょうか．それには計数に用いた細胞の濃度，細胞の大きさ，細胞の分散状態などがセルカウンターの計数に影響を与えることを知っておく必要があります．

機械の種類と特徴を知っていますか？

　セルカウンターの計数原理は，コールター法とイメージングカウンティング法とに大きく分けられます（表1）．コールター法はWallace H. Coulterによって発見された「粒子が細孔を通過する際に生じる，2電極間の電気抵抗の変化は粒子の体積に比例する」というコールター原理にもとづき，アパチャーとよばれる細孔に細胞を流し，細胞の大きさと数を測定します（図）．この手法では細胞の体積と直径を正確に判別することができます．しかしながら，解析に必要な細胞懸濁液のvolumeが比較的多く，また細胞のサイズ

サーモンフィッシャーサイエンティフィック ライフテクノロジーズジャパン	バイオ・ラッド ラボラトリーズ	Nexcelom Bioscience
Vountess® II	TC20	Cellometer
450,000	480,000	300,000
228.6 × 139.7 × 228.6	190 × 160 × 254	
$1 \times 10^4 \sim 1 \times 10^7$	$5 \times 10^4 \sim 1 \times 10^7$	$5 \times 10^5 \sim 1 \times 10^7$
6～50 μm	6～50 μm	5～300 μm
ディスポスライド or グラス（再利用可）	ディスポスライド	
10秒	30秒	10秒
10 μL	10 μL	10 μL
○	○	
イメージングカウンティング法		
細胞懸濁液が少なくて済む 平面画像を複数枚撮影することで細胞を認識 認識できる細胞の大きさの範囲が広い 細胞死判別のトリパンブルー染色を使える		
ゴミを細胞としてカウントしてしまう可能性あり		

ごとにアパチャーを交換または設定し直す必要があります．一方，イメージングカウンティング法ではバックグランドと細胞の形状の差を認識し，画素数から細胞の大きさや面積を算出します．平面画像を複数枚撮影することで違う平面上にある細胞を効率よく認識します．認識できる細胞の大きさの範囲が広いなどの特徴があります．また，目視と同様にトリパンブルー染色によって死細胞を判別することができるなど応用面にも長けています．一方，ゴミを細胞としてカウントしてしまう可能性があり，細胞サイズの設定やゴミの混入を防ぐなど注意が必要です．

A コールター法　　　　　　　　　　　**B イメージングカウンティング法**

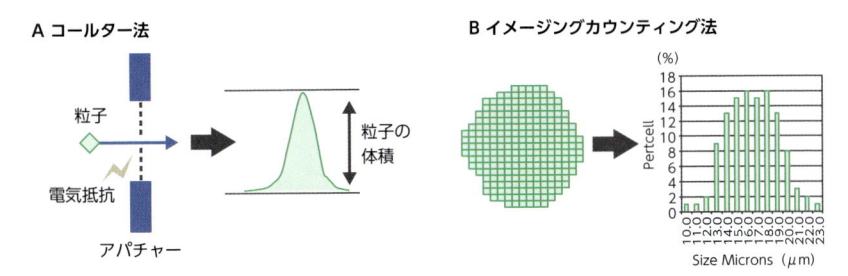

図　**細胞計数原理の違い**
A）粒子の体積が電気抵抗値に比例することを利用．アパーチャーとよばれる電磁帯を粒子が通るときにでる電気抵抗を測定※．B）平面を画像スキャンし，バックグランドとの差で細胞の形状を認識．画素のピクセル数から細胞の直径や面積を求める※．

※：より詳しく知りたい方は，コールター法についてはhttp://www.beckmancoulter.co.jp/product/product03/CoulterPrinciple.html，イメージングカウンティング法についてはhttp://www.nexcelom.com/Cellometer-Auto-T4/index.html#feature6 も参照ください．

機械の至適細胞濃度と計数時間

　血球計算盤で細胞数を計数する場合，1区画の細胞カウント数が50〜200細胞になるように細胞を希釈する必要があります．1区画の細胞数が数個程度だとバラツキが大きく正確な濃度は求められませんし，逆に500個の細胞だと目視でのカウントに時間がかかるうえに細胞が塊になってしまって正確に数えられないことが多くなってしまいます．セルカウンターの至適細胞濃度は5×10^4〜1×10^7個/mLと比較的広いのが特徴です．しかしながら，今回の失敗では，サンプルが至適細胞濃度を超えていたために，予想外に時間を要してしまいました．至適細胞濃度にするためには，10倍から1,000倍程度に細胞懸濁液を希釈する必要がありました．細胞の濃度がわからない場合，遠心後の細胞のペレットの大きさからおよその細胞数を予測する方もおられますが，細胞ごとの増殖特性（倍加時間やコンフルエントになる細胞濃度など）をあらかじめ調べておくのが最善策と言えます．また，初めて培養する細胞を計数する場合は，いくつか希釈倍率をつくり，希釈倍率の少ない方から計数するのがよいでしょう．血球計算盤で細胞計数を行うと，細胞の大きさが把握できるうえ，ある程度自分でも細胞数が予測できるようになります．それからセルカウンターを使って正確な計数を行うようにすることがよいでしょう．

コラム

細胞計数の邪魔になるトリパンブルー溶液の中のゴミ？

細胞計数の際にトリパンブルー溶液を用いるのは，生細胞と死細胞を区別するためです．しかしながらトリパンブルー溶液は一度購入したり，調製したりすると長期間室温保管しながら細胞計数に使用することが多いと思います．この時注意しなければいけないのは，長期間保存したトリパンブルー溶液のチューブの底には死んだ細胞と見間違えるようなゴミが大量に溜まっている場合があるということです．細胞計数の際にゴミや死細胞が非常に多いと感じた時は，トリパンブルー溶液を新しいものと交換するか，使っているトリパンブルー溶液を遠心して，上清を使って計数を行うようにすることで改善が期待できます．特に長期保存したトリパンブルー溶液が少なくなってしまった時には底にたまったゴミを吸い込んでしまうことがあるので注意が必要ですし，トリパンブルー溶液を入れる時には撹拌操作やピペッティング操作を避けるようにしましょう．

細胞のサイズとゴミ

　細胞を計数する場合，余計なゴミは常につきまといます．顕微鏡下で観察する場合には，ゴミと細胞の違いは識別できるかもしれません．しかし機械の場合はサイズ任せで，ゴミを計数してしまうことがよくあります．トリパンブルー染色は死細胞を染色するポピュラーな手法ですが，溶液の底にはトリパンブルーのゴミが蓄積しやすくなっています（コラム参照）．また，細胞のサイズも細胞の種類によって異なります（表2）．機械が認識できる細胞サイズとカウントする細胞のサイズが違えば，正確には計数できないでしょう．機械の細胞認識サイズは6〜50 μmですが，今回のCaseでは7〜8 μmのゴミが機械に細胞として読み取られてしまったのでした．

表2　細胞の種類と大きさ

細胞名	サイズ（μm）
赤血球	7〜8（厚さ2）
リンパ球	6〜9
単球	20〜30
血小板	1〜4
ES細胞	10〜20
マウス胎仔線維芽細胞（MEF）	15〜25
細菌	1〜5
酵母	5〜10

細胞の分散

　細胞を計数する際に細胞の分散状態も非常に重要です．血球計算盤やセルカウンターで細胞計数する際は，細胞が塊になっておらず，1つ1つ分散している状態でないと正確な計数はできません．浮遊細胞の場合にはしっかりとピペッティング操作を行うことで細胞分散することができますが，この操作を行い過ぎると細胞は弱って死んでしまうこともあります．また，接着細胞の場合には細胞の継代操作と同じく細胞の洗浄，トリプシン処理などの細胞剥離処理時間，培地への再懸濁などに気を付けて確実な細胞分散に心がけましょう．特にセルカウンターの場合には細胞が塊になってしまうと10個の細胞の塊を1つの細胞と認識してしまうことがあるので注意が必要です．

（田澤隆治）

細胞の声
セルカウンター　ゴミも数える　リスクあり
便利なセルカウンターですが，機械ならではの融通の利かなさを理解しておく必要があります．

第2章 細胞の培養操作に慣れていますか？ Ⅴ 細胞数の計測

6 増殖曲線を作製せずに細胞を凍結していませんか？

Case

常識度 ★★★★☆　危険度 ★★☆☆☆

ある日，大学院生のK君は先生から貴重な細胞の培養を頼まれました．しばらく培養を続けていると，時期は年末になり，K君には帰省の予定がありました．そこで，K君は培養している細胞をいったん凍結し，年始に再び培養を開始する計画を立て，細胞が一杯になった頃に凍結を行いました．年始になり，K君は再び培養を始めようと，凍結しておいた細胞を解凍しました．数日後，ディッシュを観察してみると，細胞はほとんど増殖しておらず，大部分は死滅していました．

キーワード ▶ 増殖曲線，血球計算盤，凍結

細胞の凍結はタイミングが勝負

　凍結した細胞が，起眠しないのにはさまざまな理由がありますが，その1つに凍結時の細胞の状態があります．細胞の凍結は継代と同じく，対数増殖期後期が最も適切です．今回のCaseでは，細胞凍結時の状態が定常期から死滅期の頃に凍結をしてしまったため，解凍後に細胞が増殖しなかったと考えられます．培養経験のない細胞の場合，適切な播種密度や継代・凍結のタイミングがわからないことがあります．そのようなときには増殖曲線を作製すると，その細胞の適切な播種密度や継代・凍結のタイミングがわかります（図1）．

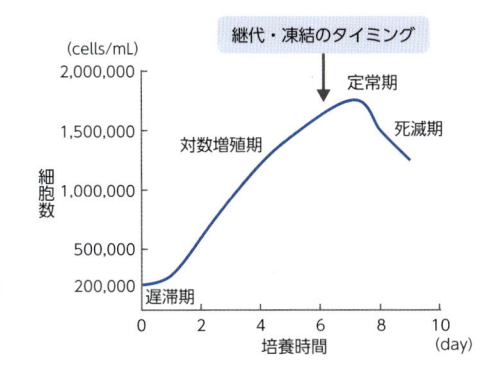

図1 AT(L)5KY（JCRB0331，不死化リンパ球）の増殖曲線

血球計算盤による細胞数の計測と増殖曲線の作製

　培養期間，計測頻度は実験の目的によって調整しますが，最も典型的な例では，培養期間は7日間で，0，2，4，7日目にそれぞれ3枚のディッシュの細

コラム

増えれば安心，とも限らない

　筆者は細胞培養を始めてしばらくした頃，マウスメラノーマ細胞（悪性黒色腫細胞）を培養していました．細胞情報では接着細胞となっていたため，接着細胞用の培養容器に播種し培養を開始したところ，順調に細胞が増え始めたので安心して培養していました．金曜日になり，培養容器を確認したところ，十分な隙間が確認できたため，そのまま週明けまで培養を継続しました．ところが，月曜日には細胞が過増殖になったためか，すべて培養容器から剥がれてしまっていました（写真）．このようなことを防ぐためには，増殖曲線を作製して細胞の増殖速度をきちんと理解するとともに，異なる濃度で播種した培養容器を準備することで回避するといった培養のコツを身につけておきましょう（第2章-7，8参照）．

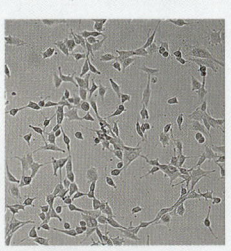

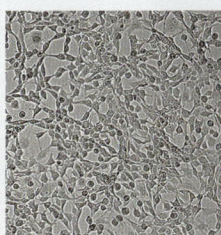

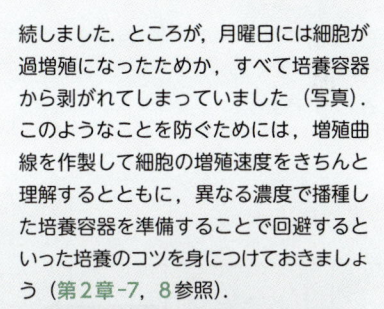

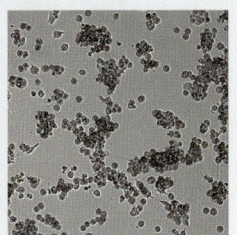

培養開始　　コンフルエント　　過増殖（剥がれている）

胞数を計測して平均します．細胞数の計測はトリプシンなどの酵素処理によって単一細胞浮遊液を調製し，一定の液量に浮遊させて血球計算盤で行います．

血球計算盤の計測方法

　血球計算盤にはいくつか種類がありますが，ここでは改良Neubauer血球計算盤（図2）を例に解説します．改良Neubauer血球計算盤には，3 mm×3 mmの格子が2ヵ所あり，それぞれの格子には1 mm×1 mmの格子があります．格子目盛の上にカバーガラスをセットすると，高さ0.1 mmの空間（1 mm×1 mm×0.1 mm＝0.1 mm^3）ができるようにつくられており，この空間に細胞浮遊液を満たして，格子目盛内にある細胞数を計測します．通常は1 mm^{2}を4区画数えますが，細胞数が少ない場合は9 mm^{2}全体を数えます．細胞数は次のような計算式で求められます．

　1 mm^{2}の細胞数（平均値）×希釈倍率×10^4 cells/mL

たとえば，4区画の総細胞数が100個，トリパンブルーなどで2倍希釈を行った場合

　100/4×2×10^4 cells/mL＝5.0×10^5 cells/mL

となります．

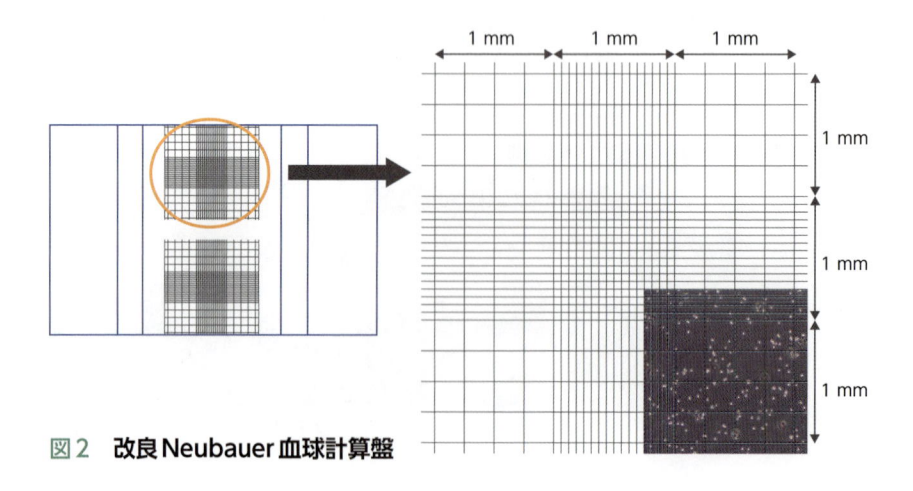

図2　改良Neubauer血球計算盤

このほかにもTATAI血球計算盤やBurker-Turk血球計算盤，Thoma血球計算盤などがあります．TATAI血球計算盤は，改良Neubauer血球計算盤などに比べ，深さ（改良Neubauer 0.1 mm，TATAI 0.2 mm）があるため，大きい細胞を測定することができます．そのような理由からJCRB細胞バンクでは，TATAI血球計算盤が使用されています．

（河上晃平）

細胞の声
あの細胞と　増え方違う　この細胞

細胞の増え方は1つ1つ異なるもの．増殖曲線を作製すれば，実験に適したタイミングが一目瞭然です．

第2章 細胞の培養操作に慣れていますか？　Ⅵ 継代培養の方法

7 「浮遊細胞の継代なんてワンパターンで簡単！」と思っていませんか？

Case

常識度 ★★☆☆☆　　危険度 ★★☆☆☆

研究員のNさんは，細胞培養を始めて数カ月が経ちました．それまでは，週末も実験しており，細胞も毎日観察していました．特に培養が難しい細胞だと感じたことがなかったNさんは，とある日，翌日から3日間の出張があるため，いつもより細胞を少なめに（細胞密度を低くして）継代することにしました．4日後に出張から戻り「さあ，細胞はちゃんと増えているかな．継代してあげないと……」とインキュベーターから細胞を出して顕微鏡で観察してみると「え？　細胞が全然増えていない！　元気がない！　どうしたのだろう？……」ということになってしまいました……．

キーワード ▶ 浮遊細胞，継代，細胞密度

簡便と言われる浮遊細胞の継代ですが……

　継代培養をする際の細胞密度はとても重要です．濃い細胞密度で始めると，場合によっては翌日にはまた継代しなければならないほどに細胞は増えてしまいます（労力も費用も無駄になります）．逆に，薄い細胞密度で始めると，細胞が増えるまでに時間がかかってしまい，なかなか実験に使えないことにもなりかねません．もっと怖いことに，濃すぎたり薄すぎたりすると細胞が死んでしまうこともあります．個々の細胞株によって特性が異なりますから，個々の細胞ごとに適正な継代培養を行う必要があることを知っておいてください．

　浮遊細胞は，付着細胞ではおなじみの継代時にトリプシンなどで剥がす操

作が不要であり，継代が簡便な細胞です（付着細胞株については**第2章-8**参照）．実際，浮遊細胞の多くはそれほど難しくなく培養できますが，細胞間の何らかのファクターが関与していて，細胞が少なすぎたり，継代のタイミングが合わなかったりすると増殖が悪くなってしまうことがあります．ちょっと油断すると増えなくなってしまう細胞が付着細胞以上にたくさんあるので注意しましょう．

いくつか浮遊細胞の例をあげてみましょう．

1 増殖の速い細胞

DT40（理研細胞バンクRCB1464）のような増殖の速い細胞は，1：20で1日おきに継代し，週末は1：40，それでも不安なら1：60を用意しておくとよいでしょう．また，紡錘形の細胞が少し出現してきたら，細胞密度過剰になる前兆なのでただちに継代しましょう．

2 リンパ球系細胞

Epstein-Barr Virusで形質転換したB細胞株〔HSC0056（理研細胞バンクWY101）など，図1〕は，軽くピペッティングして細胞塊を残したまま，1：4～1：6で継代します．細胞密度を低くし過ぎると増殖しなくなり死細胞も増えてきてしまうので要注意です．

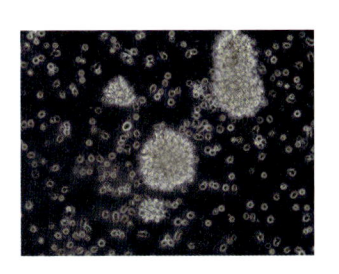

図1　HSC0056

3 ハイブリドーマ

GMR8（理研細胞バンクRCB2015）のようなハイブリドーマは，1：10程度で1日おきに継代します．細胞はディッシュの底面にゆるく付着しているので，80％程度が付着しているときにピペッティングで剥がして継代するとよい状態を維持できます．もう少し増えるだろうと思っていると翌日には死に始めてしまうこともあり（オーバーグロース），その後の立ち上がりに時間がかかるので，早めの継代が大切です．

4 増殖が遅く死細胞が増えてきてしまう細胞

ヒト肺がん細胞株〔Lu-143（理研細胞バンクRCB1773）など，図2〕やレチノブラストーマ細胞株〔NCC-RbC-59（理研細胞バンクRCB2212）など〕は増殖が遅く，死細胞が増えてきてしまうことが多いので，1：2～1：4

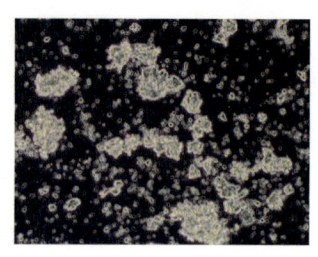

図2 RCB1773 Lu-143
（死細胞が多い）

程度で継代します．いかにして死細胞を取り除き生細胞だけを継代するかの工夫を，低速で遠心するなど色々検討しますが，これらはなかなか手ごわい細胞です．

5 Spinner culture で大量に増やす細胞

　HeLa S3（理研細胞バンクRCB0191）やCHO-K1（SC）（理研細胞バンクRCB0403）のように付着細胞から単離した浮遊細胞（亜株）は，融解後にバクテリア用のディッシュで培養を開始し，その後1：4程度でスピナーフラスコに移します．最初は培地を少な目（200 mL位）に入れ，回転数20 rpmで細胞が増えていることを確認しながら培地を加えていきます．撹拌により細胞に負荷がかかるので，あまり希釈しすぎると増殖しなくなることがあります．また，蓋をきっちり締めてしまい，外からの空気が入らなくて増殖しなくなってしまうミスもよく耳にします．スピナーフラスコやフラスコでの培養は蓋を少し緩めることを忘れないようにしましょう．最近は，少し価格は高いですが，通気口のある蓋のフラスコも市販しています．それならば，蓋をきっちり締めても大丈夫です．

　そのほか色々な浮遊細胞があり，扱いが簡単な細胞は増殖もよく維持にも問題が無いのですが，油断すると死んでしまうような細胞は，その後の立ち上がりもよくないので，毎日細胞を観察し，個々の細胞の特性を知ることが大切です．

　なお，細胞を融解する時は，入手先からもらったデータシートに記載されている凍結細胞数にもとづいてディッシュのサイズを選択しましょう．通常は，凍結細胞数が10^6オーダーなら60 mmディッシュ2枚に播種し，10^7オーダーであれば100 mmディッシュ2枚に播種します．翌日観察してコンフルエントであれば，0.5〜1×10^5個/mL位で継代し，そうでなければ

2〜3日後に継代します．週末や連休の時は，増殖の速い細胞は細胞数を3段階程度（1：10, 1：20, 1：40）に播種しておくと，オーバーグロースで死んでしまうことを回避できます．初めて扱う細胞は週の始めに融解し，こまめに様子を見るとよいでしょう．週末に融解して，月曜日に細胞が増えていなかったり，オーバーグロースしてしまったりなどということが無いようにしたいものです．

(永吉満利子)

細胞の声
浮遊細胞　想像以上に　個性的
わずかなタイミングのズレでへそを曲げる細胞もいます．
データシートのチェック，毎日の観察を心がけましょう．

予想外な細胞たち

長年，培養に携わっていても，「えっ!?」と思うようなことがあります．OGU1（原発性体腔液リンパ腫）という細胞は，融解直後はきれいなブドウの房状の細胞塊ですが，翌日観察すると，全体が蜘蛛の巣状で壊滅状態になっているのです．色々試みても死んでしまうので「えーい，これが最後，血清でも替えてみるか」と別の血清で培養してみると，驚くべきことに元気に増え始めたのです．ロットチェックをした血清だから大丈夫と思っていましたが，すべての細胞に適しているというわけではないのです（第1章-4参照）．当然と言われればそうですが，初めての経験でした．浮遊細胞，侮るなかれ！です．だからこそ細胞培養は面白く，やりがいもあるのですが……．

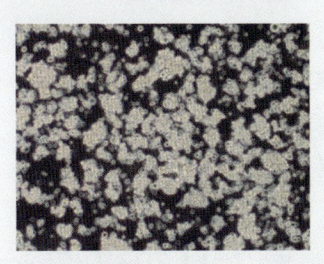

OGU1 融解当日

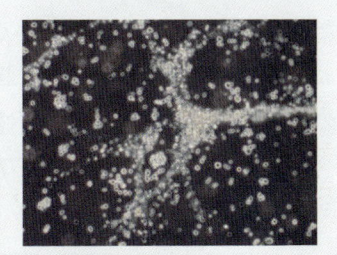

OGU1 融解翌日

第2章 細胞の培養操作に慣れていますか？　Ⅵ 継代培養の方法

8 付着細胞の継代，注意点をいくつ知っていますか？

Case

常識度 ★★★☆☆　　危険度 ★★☆☆☆

大学院生のIさんは，実験に使う付着細胞株を購入し培養を開始しました．細胞株は今までにも何度か扱ったことがあり，ある程度馴れていたのでいつも通りの継代操作を行い，トリプシン処理の間，別の実験の準備をするために，すぐにベンチに戻るつもりで席を離れました．しかしその時たまたま指導教官により止められ，トリプシン処理の時間を大幅に過ぎてしまいました．倒立顕微鏡で細胞の状態を確認すると細胞はまだ生きている感じだったので，そのまま新しい容器にまき直しました．翌日細胞を確認すると細胞がほとんど浮いていました．

キーワード ▶ 酵素処理

常識度 ★★☆☆☆　　危険度 ★★★★☆

後日のこと．大学院生のIさんは，実験に使うために3種類の細胞株を同時にもっていました．細胞は違う種類でしたが同じ組成の培養培地でしたので，大きめのメディウム瓶を1本用意して同じ瓶からの培地を使用し，培養操作する時もベンチの中に一度にすべての細胞株を用意して継代作業を行っていました．培養容器には細胞名を書いていたので細胞を間違えることは無いと思っていましたが，論文投稿するにあたり念のため実験に使用した細胞株をSTR検査にかけたところ，3種類の異なる細胞を使っていたはずが，そのうち2種類は同じ細胞であることがわかりました．

キーワード ▶ クロスコンタミネーション

普段，何気なく行っている継代作業ですが……

普段，私たちバンクから提供した細胞株の利用者から培養相談を受けていると，以前失敗せずに継代できたので今回もその方法でやったら失敗してしまった，という問い合わせがよくあります．

本稿では主に，付着細胞株の継代培養時における問題点と注意点について簡単に紹介したいと思います（浮遊細胞株については第2章-7を参照）．継代作業でつまずきやすい点は大きく①コンタミネーション，と②それ以外の操作上のミス，の2つあり，具体的には以下のようなものがあげられます．

コンタミネーション

1 微生物，カビやマイコプラズマのコンタミネーション

継代時に限らず培養操作につきものですが，ここでつまずくと実験ができないので無菌操作についてはきちんと習得し培養してください（第2章-2参照）．

また，近年は試薬などの品質も向上していますが，マイコプラズマのコンタミネーションもいまだに無くなったわけではありません．バンクのような機関に寄託される細胞株でも多い年には2～3割程度検出されますので，なるべくマイコプラズマやそのほかの品質検査を実施しているバンクから入手した，コンタミネーションのリスクの低い細胞株の利用をお勧めします（第1章-16参照）．

2 細胞の取り違えやクロスコンタミネーション

異種生物以外では，細胞の取り違えやクロスコンタミネーションがあります（第3章-5参照）．

近年は，細胞のなかの同じ遺伝子配列の繰り返しパターンから複数の細胞株が遺伝的に同一である可能性を検査することができるようになっています（STR検査）．細胞Aと思って培養していたら実は違う細胞Bだった，という不幸にならないためにも，バンクから提供されている検査済み細胞の利用をおすすめします[1]．

自分達のラボで取り違いを起こさないためには，培地は組成が同じであっても株ごとに調製する，器具類の使いまわしをしないなど，無菌操作とも共

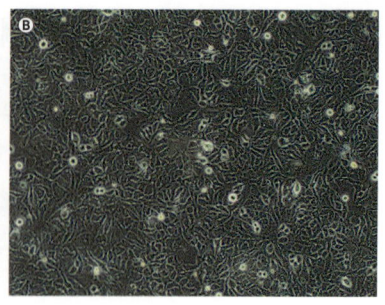

図1　RCB0007 HeLa（×100）
A) low density. 継代するには少し早い．B) high density. 継代できる．

通する注意点ではありますが，共通設備での培養ではつい怠りがちな点でもあり，十分な注意が必要です．

一度取り違いやクロスコンタミネーションが起きてしまうと形態だけで区別するのはほぼ不可能です[2) 3)]．

培養操作時の技術的なミス

1 継代のタイミング（時間的な問題）

継代のタイミングは，早すぎても遅すぎても継代後の増殖能に影響を与えます（図1）．

一般的には8〜9割コンフルエント程度で継代しますが，細胞によっても多少異なりますのでそれぞれの継代密度を確認して行ってください．また，継代密度がわかっていても可能であれば培養開始当初は何段階かに密度を振って，自分のラボでの最適条件を確認しておくとよいでしょう．

2 トリプシンなど酵素処理のかけ過ぎ（試薬の扱いの問題）

酵素処理に時間をかけすぎると細胞膜にダメージを与えてしまい（図2），播種後のリカバリーの低下の原因になります．

3 トリプシン以外の剥離方法の問題

試薬以外の剥離方法では，ピペッティングやスクレイパーを使った方法があります．

物理的に容器から剥離した場合，細胞の膜に少なからずダメージを与える

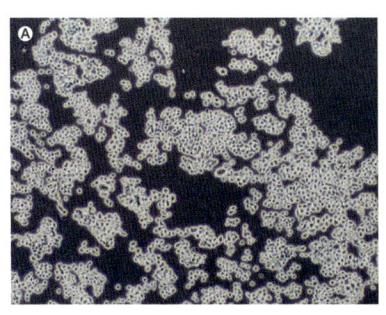

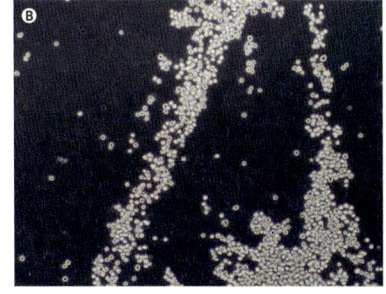

図2　RCB0007 HeLa（×100）
A) トリプシン処理（通常状態）　**B)** トリプシン処理（時間超過）．膜が消化され過ぎて溶けてきてしまっている．

ので，通常の培養時にこれらを使用した剥離法はあまりおすすめしません．以前は，無血清培地で培養するような付着細胞株の継代には，培養培地にトリプシンインヒビターである血清が入っていないのでスクレイパーを使用することもありましたが，現在はトリプシンインヒビターが市販されているので，そういったものを利用するのもよいでしょう．

　ただし，細胞株によっては酵素によって細胞膜がダメージを受けやすかったり，膜タンパク質に関する実験をする場合は酵素処理ではなくスクレイパーなどを使用した方がよいこともあるので，実験の目的に合わせて使い分けるようにしてください．その際は，あまりしつこく擦って細胞膜が壊れてしまうのを最小限に抑えるように注意してください．

（飯村恵美）

細胞の声
剥がされる　細胞の気持ち　考えて
コンタミはもちろん，付着細胞の継代には
付着ならではの注意点があります．

参考文献
1）『目的別で選べる細胞培養プロトコール』（中村幸夫／編），羊土社，2012
2）『細胞培養なるほどQ & A』（許 南浩／編），羊土社，2010
3）『細胞培養の技術 基礎編 第3版』（日本組織培養学会／編），朝倉書店，1996

第2章 細胞の培養操作に慣れていますか？　Ⅵ 継代培養の方法

9 継代数と細胞分裂回数（PDL）を同じものと思っていませんか？

Case

常識度 ★★☆☆☆　　危険度 ★★★☆☆

大学院生のNさんは，ヒト線維芽細胞（非不死化細胞）を細胞バンクから入手して培養を開始しました．細胞バンクの説明書に「提供後に20 PDLまでは増殖が可能」と記載してありました．Nさんは細胞を実験にも使いつつ，継代を重ねていきました．「まだ10継代だから全然問題なく増えるな」と思って継代をし，それまでどおり3日後に細胞を観察してみると，今までとは細胞の様子が違っていました．細胞に元気がないのです．前回の継代時に細胞数を間違えて細胞密度を薄くし過ぎたのかなと思い，細胞密度を濃くして継代をし直しますが，細胞は全然増えなくなってしまいました……．

キーワード ▶ PDL／細胞集団倍加回数，継代数

PDL（細胞集団倍加回数）とは

　ヒト線維芽細胞（不死化されていない細胞）のような寿命のある細胞※は細胞老化の研究などに使われていますが，細胞の継代数の他にPDL（population doubling level：細胞集団倍加回数）で細胞の状態を表しています．両者は全く別のことを表していると知らないと，Caseのような経験をしてしまうことがあるのです．

　まず，細胞の継代とは，増殖した細胞を新しいディッシュやフラスコに1：4や1：8に希釈して培養を継続することです．たとえば，10継代した細胞を次に継代した場合の継代数は，単純に11継代となります．

　一方，PDLは細胞集団倍加回数を表し，播種した細胞が一定期間培養後に

※：WI-38（理研細胞バンクRCB0702），NB1RGB（理研細胞バンクRCB0222）など．

122　あなたの細胞培養、大丈夫ですか?!

2の何乗に増えたか，つまり何回細胞分裂したかの累積数を表しています（分裂回数の理論値です）．1回の継代で細胞は何回か分裂するのが普通ですので，通常はPDLの値は継代数より大きくなります．たとえば，「1：2（細胞数を半分にして）で継代して，ちょうど2倍に増えたときに次の継代をする」ということを繰り返せば，継代数とPDLは一致しますが，そのようにちょうどになることはありませんから，PDLをちゃんと計算する必要があります．

Caseを説明します．通常は，継代してから次の継代までの細胞分裂は1回以上（すなわち細胞数にして2倍以上）ですから，20 PDLまで増殖可能とされている細胞は，20継代よりもずっと早く20 PDLに達してしまいます．したがって，20継代よりもずっと早い段階で増殖が止まってしまうことになるわけです．

PDLの測定は，一定期間内の細胞数の増加から計算しますが，生細胞の測定法，播種した細胞の接着率，培養中の死細胞の出現などにより，数値が変わってきます[1]．したがって，寸分たがわず正確にPDLを算出することは不可能であり，あくまでも指標と考えてください．計測方法は以下の通りです．

計測方法

①細胞数をカウントし，必要な枚数のディッシュに播種します．
②翌日，ディッシュ1枚の付着細胞をトリプシンなどで剥がし，いくつの細胞が播種後に接着したかをカウントします（前日に播種した細胞数では付着しない細胞や死細胞が考慮されないので正確なPDLは得られません）．
③一定期間培養後，ディッシュ1枚をトリプシンで剥がし，増殖した細胞数をカウントし，PDLを以下の計算式で求めます．

PDL（細胞集団倍加回数）＝Log（増殖した細胞数÷播種した細胞数）÷Log2

一般的には，ヒト正常細胞の分裂回数の限界は50 PDL程度と言われていますが，細胞により異なります．寿命のある細胞は分裂回数が多くなると，増殖が遅くなり，細胞が大きくなる傾向があります．NB1RGB（理研細胞バンクRCB0222）という細胞は，現在64 PDLのものもありますが，細胞の形態も美しく，まだまだ分裂可能な状態です（図）．

寿命のある細胞に限らず，細胞を入手したら早めにストック（凍結保存細胞）をつくっておき，同じ状態の細胞で実験ができるようにしておくとよいでしょう．

（永吉満利子）

図 まだ増えそうな状態のNB1RGB（RCB0222）

細胞の声
覚えよう　PDL＞継代数
細胞は1回の継代で数回分裂するのが通常ですので分裂数を表すPDLは継代数より大きくなります．

参考文献
1）『組織培養辞典』（日本組織培養学会，日本植物組織培養学会／編），学会出版センター，1993

コラム
鶏より長生きした鶏の細胞

最近，NHKで次のような放送がありました．血管吻合と臓器移植でノーベル賞を受賞したアレクシス・カレルは，1912年から20年にもわたり鶏の胚の細胞（心臓）を培養し「細胞は不死である」と発表しました．その後，1961年にレオナルド・ヘイフリックが「人の細胞は一定の分裂回数で増殖を停止する」ことを発表し，カレルの「細胞は不死である」ことは否定されました（動物種によって異なることがわかりました）．カレルの細胞は，発表から数十年間維持されましたが，カレルの死後，お弟子さんによって廃棄されたそうです．100年も前に，ちゃんとしたクリーンベンチのような無菌装置もなく，抗生物質もない時代に，微生物汚染を起こさずに培養し続けることができたことは驚嘆に値しますね．

第2章 細胞の培養操作に慣れていますか？　Ⅶ 特殊な細胞の培養

10 「培養しやすさはどの細胞もだいたい同じでしょ」と思っていませんか？

Case

常識度 ★★☆☆☆　　危険度 ★★☆☆☆

大学院生のIさんは，実験に使う細胞株を購入し培養を開始しました．以前，別の細胞株で同様の実験をしたことがあり，その時は特に問題無く培養できたことから，今回も同様の付着細胞なので，同じやりかたで大丈夫と思いこんで開始しましたが，2, 3日経っても細胞が増殖してきません．1週間ほど様子をみていましたが，とても実験に使えるほどの数には増えてきそうにありません．それどころか，付着細胞であるはずなのに浮いている細胞がほとんどで，このまま培養を続けてもいいものか迷ってしまいました．

キーワード ▶ 特殊な細胞株

細胞にも個性がある

ひとくちに細胞株といっても各々に特性をもち，付着もしくは浮遊細胞だからといってそれぞれひとくくりの同じ扱いをすると思わぬところで失敗してしまいます（第2章-7, 8参照）．人間同様個性があるようなものです．

普段の私たちの培養問い合わせ窓口へ届く質問のなかの多くは，凍結・融解や継代のタイミング（特に培養初期）やその方法の失敗によるものです．株によっては，凍結・融解のタイミングが非常にデリケートなもの，付着して伸展し始めるのがゆっくりなもの，増殖のスピードが速い（遅い）もの，分化しやすいもの，などさまざまあります．

私たちが日常培養しているなかでも個々の細胞株は実にさまざまな特性をもち，ちょっとした操作やそのタイミングで状態が思わしくなくなることも

あります．したがって培養を開始する際には，事前にこれから扱おうとする細胞株について，購入時の添付情報も含めて文献で下調べをしておくことは大変重要です．

　以下に，比較的につまずきやすい点をあげておきます．

1 血清を選ぶ細胞株

　培地に血清を含む細胞株の場合，血清のロットに増殖能が左右されるものがあります（図1）．

　細胞を入手した際にはできるだけ初期にまずストック用の細胞を少しでも保存しておくとよいでしょう．融解直後であれば多少血清のロットが適合しなくてもストックをとれる程度には増える場合もあります．

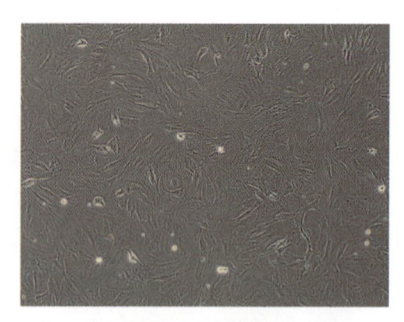

図1　MC3T3-E1（RCB1126）（×100）

2 付着して伸展し始めるまで時間のかかる細胞株

　ひとくちに付着細胞といっても，融解してから容器に付着し，伸展し始める時間は細胞ごとに異なります（図2）．

　融解後，数時間でしっかりと付着し，足場を形成する株もあれば，ピペッティングしても剥がれない程度になるまで1日以上の時間を要するような株もあります．そのような株の場合，融解から起こして翌日あたりに浮遊している細胞を死細胞と勘違いして棄ててしまうと，細胞が少なすぎて全く増殖してこない，というような事態を招くことが往々にしてあります．

　そのような株の場合，数日間は観察し，様子を見ながらメンテナンスするとよいでしょう．

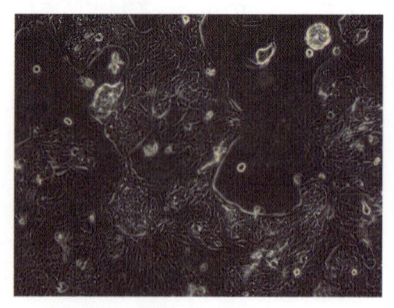

図2　LC-2/ad（RCB0440）（×100）
付着し伸展を始めるまでおよそ1日以上要する．

3 ディッシュから剥がれにくい細胞株

接着性が異常に高い細胞も存在します．無理に剥がすと細胞にダメージを与えてしまうので注意が必要です（図3）．

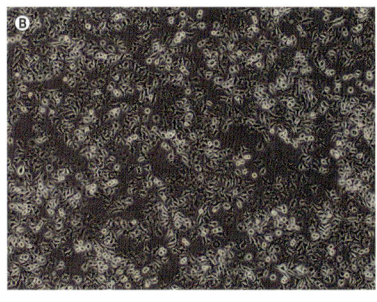

図3　RAW264（RCB0535）（× 40）
A) トリプシンで剥がれる状態．**B)** スクレイパーなどを使用しないと剥がれにくい状態（参考文献1のサイト内「培養開始にあたっての注意」から転載）．

4 分化しやすい細胞

培養環境に応じて容易に分化し，性質を変えてしまう細胞もあります（図4）．

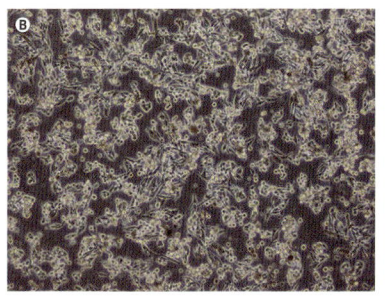

図4　B16 melanoma（RCB1283）（× 40）
細胞密度が高くなると，細胞が浮いてきてしまったり，分化してメラニンが産生され始めて黒くなったりします（黒くなった細胞も次第に浮いて，産生されたメラニンにより培地は黒ずんできます）．**A)** 良好な状態：接着細胞が多い．通常通りに継代が可能．**B)** やや状態の悪い細胞：黒い細胞や丸みを帯びた細胞が存在している．接着していれば継代は可能（参考文献1のサイト内「培養開始にあたっての注意」から転載）．

5 増殖スピードが速い（遅い）細胞の注意すべき一般事項

　増殖スピードがかなり特異な細胞もあるので，培養にあたっては充分なデータシートの確認が必要です（図5）．

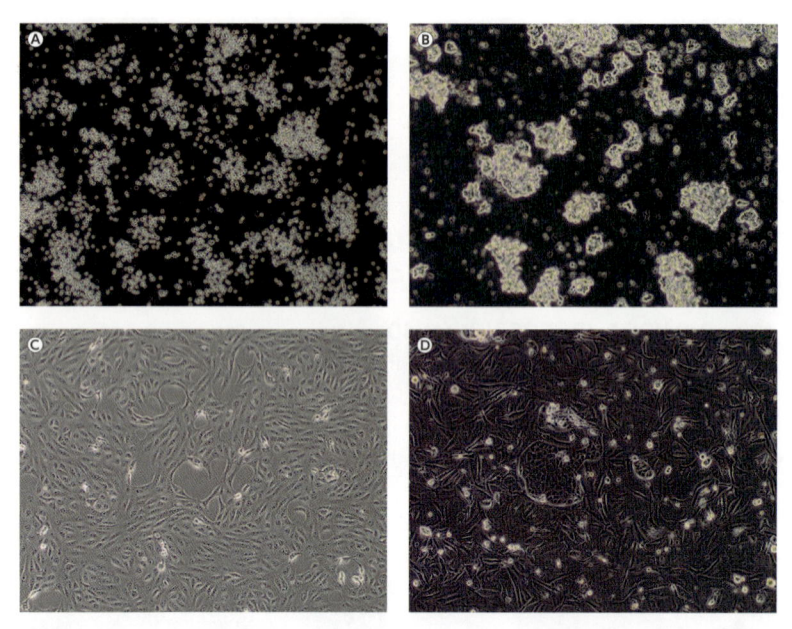

図5
A) DT40（RCB1464）（×100）（浮遊細胞／増殖速い1：20/2day）．**B)** Lu-143（RCB1773）（×100）（浮遊細胞／増殖遅い1：2〜4/1week）．**C)** Vero（RCB0001）（×100）[1]（付着／増殖速い1：8）．**D)** TGBC2TKB（RCB1130）（×100）（遅い／付着細胞）．

6 継代のタイミング，播種密度
〔継代時に注意すべき一般的事項（第2章-8参照）〕

細胞によっては，継代のタイミングや密度が不適切だと一気に状態が悪くなる場合があるので注意が必要です．

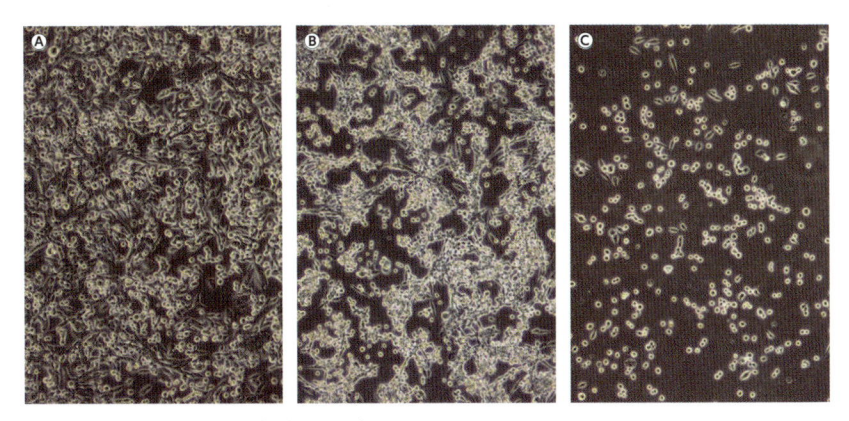

図6　LLC（RCB0558）（×100）
A）しっかり付着して状態が良い．B）オーバーグロースして細胞が丸くなって付着も弱い．C）密度が低すぎて立ち上がってこない状態．ここから増えてくる細胞もあるが，LLCは一度このような状態になってしまうとリカバーは厳しい（参考文献1のサイト内「培養開始にあたっての注意」から転載）．

7 半浮遊／付着の細胞

細胞によっては，それほど強固な足場を必要とせず，ゆるく付着しながら浮遊の状態でも増殖をする，いわゆる，半浮遊／付着状態の細胞株もあります（図7）．

このような細胞の場合，見る人により付着細胞と思い込み，浮遊しながら増殖する細胞を，弱った（死んだ）細胞と勘違いし，培地交換や継代時に捨ててしまったり，あるいは，「浮遊細胞なのに接着が強い細胞がいる」と，浮遊細胞だけ回収して培養を続けてしまったり，という事例があります．このような性質をもつ細胞は，浮遊している細胞も付着している細胞と一緒に回収して播種する必要があります．

また，凍結から起こした時や継代をした翌日などはほとんど浮遊細胞のような状態であることが多いので，細胞が容器の底に沈んで弱い接着をするまでさわらずに待つことも大切です．

写真を見てもわかるように，浮遊か付着かにかかわらず，こういう形態だ

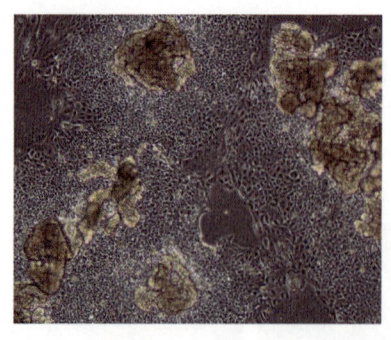

図7　NCR-G3（RCB2343）（×40）
播種当初は細胞塊で浮遊しているが，接着すると周囲に広がって増殖するようになる．接着に数日かかるので，融解後は静置しておく（1週間程度）．培地交換する時は浮遊している細胞を捨てずに残し，半分くらい交換するとよい．継代の際は，浮遊している細胞も回収して播種するようにする（参考文献1のサイト内「培養開始にあたっての注意」から転載）．

から培養が簡単 or 難しいということは一概には言えません．もちろん，大雑把な括りではヒト由来よりマウス由来の方が増殖のよいケースが多いですが，当てはまらない細胞株もたくさんあります．

　以上，1つ1つは些細なことではありますが，ポイントを押さえておくかどうかが細胞を使った実験の成否を左右することにもなります．培養が難しい株と比較的やさしい株の違いは，テクニカルな難易度の差と言うよりも，個々の細胞の特性からくる培養時のコツによると思います．したがって，細胞の培養を行う際には，日々の観察を怠らずに細胞の状態の把握に努め，ここまで述べたような注意点を念頭に置いて培養を行ってください．

（飯村恵美）

細胞の声

じゃじゃ馬を　飼い慣らしてこそ　一人前

「難しい」と言われる細胞も，特別な技術を要することはありません．入念な準備と日々の観察を大切にしましょう．

参考文献
1）理化学研究所バイオリソースセンター 細胞材料開発室ホームページ：http://cell.brc.riken.jp/ja/

第2章 細胞の培養操作に慣れていますか？　Ⅶ 特殊な細胞の培養

11 有限寿命細胞，むやみに分裂させていませんか？

Case

常識度 ★★★☆☆　危険度 ★★★☆☆

不死化された細胞株の培養経験しかもたない研究員のF君が，初代培養細胞であるヒト線維芽細胞を実験で使用することになり，他の研究員から10 cmディッシュ1枚分の細胞を貰いました．F君は貰った細胞を使ってすぐに実験を開始しました．実験を行っている間，いつでもすぐに細胞が使えるようにF君はヒト線維芽細胞を継代しながら培養し続けていました．ある時なんとなく細胞が大きくなり増殖速度が遅くなっていることに気付きました．実験が一通り終わりそうだったこともあり，F君は培養中だった細胞を急いで凍結保存して細胞ストックを作製しました．しばらくしてから，F君は実験の追試を行うために細胞ストックから細胞を融解して培養を再開しました．しかし，融解したヒト線維芽細胞は初めに貰った時よりも大きくなり非常にゆっくりとしか増殖しなくなっていたため，F君は追試を行うことができませんでした．

キーワード ▶ プライマリー細胞（初代培養細胞），分裂限界（寿命）

多くの体細胞には分裂できる回数（寿命）に限界があります

　生殖細胞を除く体細胞には分裂を行える回数に限界（寿命）が存在します．たとえば，がん化していない正常なヒト線維芽細胞では最大でも60回程度であると見積もられています[1]．細胞の種類によって寿命の長さは異なりますが，生体内において分裂を繰り返した体細胞は最終的には分裂を停止した後その役割を終えて死滅していきます．生体内から取り出した細胞（初代培

図1　ヒト線維芽細胞の老化の一例
ヒト初代培養細胞であるNB1RGB（ヒト線維芽細胞）の細胞老化の様子．分裂限界まで余裕のある状態（**A**）に比べて，分裂限界に近付いた細胞（**B**）は大きくなって分裂頻度が非常に下がる（文献2より転載）．

養細胞あるいはプライマリー細胞とよぶ）も生体内と同様に体外で培養中に分裂できる回数には限界があり，繰り返し継代し続けると分裂限界の少し手前ぐらいから1つ1つの細胞が大きくなり増殖が遅くなってきます．そして最終的には全く分裂しなくなりしばらくはそのままの形態を保ちますがやがて死んでいきます（図1）．一方，がん細胞に代表されるような分裂限界（寿命）の無い細胞も存在し，このような細胞のことを不死化した細胞とよびます．不死化した細胞は寿命がないので体外においても無限に増殖させることが可能です．体外で培養できる不死化した細胞のことを一般的に細胞株とよび，プライマリー細胞とは区別して扱われています（第1章-17参照）．

不死化していないプライマリー細胞を培養する際に気を付けなければいけないこと

1 できるだけ早く（分裂回数の少ないうちに）細胞のストックを作製する

プライマリー細胞は分裂限界まで余裕のある状態であれば，適正な培養条件下において非常によく増殖しますが，分裂するごとに確実に分裂限界に近付いていきます．寿命が近付いてくるとだんだん細胞が大きくなり増殖速度も遅くなってきます．誤解を恐れずに言うならば，プライマリー細胞は分裂回数の少ない細胞あるいは培養期間の短い細胞ほど状態のよい細胞であると考えることができます．分裂回数が少ないうちに細胞を凍結保存してストックを作製しておけば，分裂限界が近付いてきた細胞を廃棄して新たにストッ

クから細胞を融解して使用することによって，常に状態のよい細胞を実験に使用することができるようになります．F君は，ヒト線維芽細胞を受け取ってすぐにどんどん増やして（分裂させて）しまいました．そのため，よい状態の細胞をストックすることができなかったのです．

2 適正な濃度とタイミングで継代を行う

プライマリー細胞のストックを作製するためや実験に使用するためには，培養容器中の細胞を新しい培養容器に植え継ぎ（継代）することが必要になってきます．その際，気を付けなければならないことは細胞を播種する濃度とそのタイミングです．多くの場合，プライマリー細胞が増殖するためには近傍に他の細胞が存在していることが必要になります．特に，付着性の細胞の場合にはその傾向が顕著です．そのため，あまりに低い密度で細胞を播種することは避けなければなりません．

また，より低い濃度で細胞を播種した場合，コンフルエントに達するまでに必要な細胞分裂の回数は多くなりますので，同じ継代回数であっても適正な濃度で細胞を播種した場合に比べて早く分裂限界が来てしまうことになります（図2）．細胞を1度にたくさん増やしたいからといって，細胞を低い濃度で多くの培養容器に播種することはできるだけ避けたほうがよいのです．また，同様の理由で細胞が十分に増殖する前に頻回に継代をすることも避けなければなりません．

では，細胞の濃度が薄くなり過ぎないように時間をかけて培養すればよい

100％コンフルエントな細胞

1：4で継代した場合 → コンフルエントになるまでに必要な分裂回数は 2 回

1：8で継代した場合 → コンフルエントになるまでに必要な分裂回数は 3 回

1：16で継代した場合 → コンフルエントになるまでに必要な分裂回数は 4 回

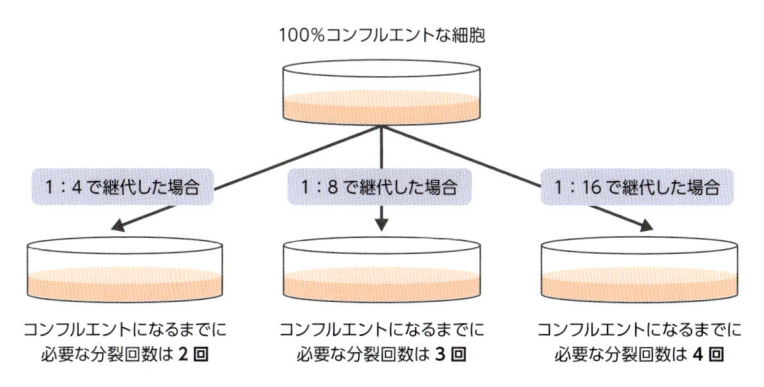

図2　100％コンフルエントの状態の細胞を異なる濃度で継代した後再度コンフルエントになるまでに必要な細胞分裂の回数の違い

のでしょうか？ 残念ながらプライマリー細胞はコンフルエントの状態が長く続くと継代した後で増殖が著しく悪くなったり，時には完全に止まってしまうことがよくあります．このような理由で，プライマリー細胞の継代は適正な濃度とタイミングで行う必要があるのです．

3 ヒト以外の動物では不死化に注意する

前記❶と❷はヒトを含む動物由来プライマリー細胞を培養するうえで基本的かつ重要な事項ですが，これら以外にも注意したほうがよい点があります．プライマリー細胞は基本的に分裂できる回数に限界があり，その限界を超えて分裂することはしないのですが，分裂限界を迎えたはずの細胞が再度分裂を開始することがあります．細胞分裂を停止した状態の細胞を廃棄せずに培地交換を繰り返していると突然細胞が増殖を再開してくることがあるのです．このようにして増殖を再開した細胞は分裂限界をもっていない，つまり不死化していることがほとんどです．研究内容によっては意図的にプライマリー細胞から不死化細胞を作製して使用することもあると思いますが，純粋にプライマリー細胞だけを実験に使用する必要がある場合には注意が必要です．プライマリー細胞のはずなのにいつまでも分裂限界が来ない細胞は不死化している可能性があります．細胞の不死化はヒト由来プライマリー細胞を扱う場合にはあまり問題にならないことですが，そのほかの動物（特にマウス）を使用する場合には不死化しやすい傾向がありますので，注意が必要です．

（須藤和寛）

細胞の声
失うと　取り戻せない　あの若さ
寿命のあるプライマリー細胞は分裂すればするほど年を取ります．年を取った細胞は2度と若返ることはありませんので，大事な細胞は早めの凍結ストック作製をおすすめします．

参考文献
1）Hayflick L：Exp Cell Res, 37：614-636, 1965
2）須藤和寛：プライマリー細胞―継代培養方法．『目的別で選べる細胞培養プロトコール』（中村幸夫/編），pp.139-148，羊土社，2012

第2章 細胞の培養操作に慣れていますか？　Ⅶ 特殊な細胞の培養

12 同じ組織から分離した細胞はみんな同じだと思っていませんか？

Case

常識度 ★★★☆☆　　危険度 ★★★☆☆

大学院生のIさんは，ヒト皮膚から線維芽細胞を分離して培養・解析することになりました．ヒト線維芽細胞は異なる数人のドナーの皮膚から毎回全く同じ条件で分離・培養し，継代回数の少ないうちに十分な凍結ストックを作製しました．凍結ストックを作製したIさんは，1人のドナーに由来する線維芽細胞を使用して解析を行い，ある興味深い現象を発見しました．そこでIさんはその結果をヒト線維芽細胞の一般的な性質として論文報告しようとしましたが，他のドナーの皮膚から分離した線維芽細胞に関しても同様の解析をするように指導教官に指摘を受けました．しかし，「異なるドナーに由来するとは言え同じ皮膚から同じように分離した線維芽細胞なのだからみんな同じ性質をもっているはずだ」と考えていたIさんは納得がいきません．なぜわざわざ面倒なことをまたやらなければならないのかと……．

キーワード ▶ 個体差，プライマリー細胞（初代培養細胞）

固形組織からの細胞分離

組織からプライマリー細胞（初代培養細胞）を分離するための方法は数多く存在しますが，最も簡便で汎用されていると思われるものを2つ簡単に紹介しておきます．

1 組織片培養法

ハサミなどを用いて細かく裁断した組織をそのまま培養液中で培養する方

法で，採取された組織片が非常に小さい場合や処理時間を短縮したい場合によく用いられます．組織が培養容器と接触している面から細胞が伸展・増殖してきますので，ほとんどの場合この方法で分離されるのは上皮細胞や線維芽細胞などの付着性細胞です．

2 細胞分散培養法

組織片培養法に酵素処理を加えた方法で，ハサミなどで細かく裁断した組織をさらにコラゲナーゼやトリプシンなどの酵素で処理することによって，組織から分離した細胞を培養容器に播種します．酵素処理の時間や酵素の種類を変更することによって上皮細胞様細胞と線維芽細胞様細胞をある程度わけて分離することが可能です．

組織はさまざまな細胞で構成されています

ヒトやマウスなどの体内に存在する固形組織の多くはさまざまな種類の細胞によって構成され，それぞれの細胞はお互いに協調しあいながら組織や個体の恒常性を保つために働いています．そのため，前記のような方法によって組織を処理すると，さまざまな種類の細胞が混在した細胞懸濁液が得られます．この細胞懸濁液を播種すると，当然のことですがさまざまな種類の細胞が培養容器に付着することになります．細胞分裂の速度などの違いなどにより，通常は数回の継代によってある程度均一に見える細胞集団を得ることができます．

同じように分離・増殖させても
同じ性質をもつ細胞とは限りません

多くの場合，このようにして得られた細胞集団を，たとえば「ヒト皮膚線維芽細胞」や「ヒト皮膚上皮細胞」として研究に使用するわけですが，組織中の細胞はさまざまな役割をもっているのですから，形態的に同じに見える細胞であっても異なる機能をもっている可能性があるということに注意しなければなりません．1人のドナーから採取した組織が大きく，数回にわけて細胞を分離したような場合には，それぞれの細胞が同じ性質をもつ細胞であるかどうかを何らかの方法を用いて確認することが必要かもしれません．

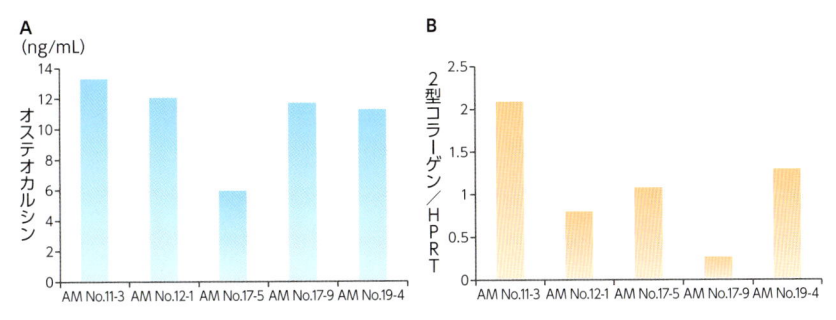

図 異なるドナーから分離した羊膜間葉系細胞の分化能の違い
ヒト羊膜をトリプシンとコラゲナーゼで処理してから培養容器に播種し、数継代後に得られた線維芽細胞様細胞の骨芽細胞（**A**）と軟骨（**B**）への分化能を比較した．それぞれの細胞が異なる分化能をもつ細胞であることがわかる．オステオカルシンおよび2型コラーゲンはそれぞれ骨芽細胞と軟骨の分化マーカー（文献1より）．

　異なるドナーに由来する組織から細胞を分離する場合にも注意が必要です．前記の理由に加えて，個体差についても考慮する必要があるからです．たとえば，ヒト羊膜から細胞を分離した場合を考えてみましょう．ヒト羊膜は羊膜上皮，羊膜基底膜，羊膜緻密層からなり，他の組織に比べると単純な構造をしているので，その機能は羊水の分泌と吸収などに限られておりそれほど多くはありません．そのため，異なるドナーからであっても同じ性質をもつ細胞を分離・増殖させやすいと考えられます．実際に，異なる5人のドナーに由来する羊膜から細胞を分離・培養してみたところ，形態や細胞表面抗原の発現パターンがほとんど同じ線維芽細胞様細胞が得られました．ところが，これらの細胞を骨芽細胞あるいは軟骨へ分化誘導してみたところ，それぞれの細胞のもつ骨芽細胞および軟骨への分化能は大きく異なっていることがわかりました（図）．

　このように，羊膜のような比較的単純な構造しかもたない組織から分離した細胞であってもその性質はさまざまなのですから，より複雑な構造をもつ組織から分離した細胞がすべて同じ性質をもっている可能性はとても低いと考えてよいのではないでしょうか．

初代培養細胞を使用して実験を行う時には

　同じ組織から分離した細胞であっても異なる性質をもつ細胞が存在する可能性を常に考慮しておく必要があります．また，異なるドナーに由来する細胞に関しても同じです．そのため，1人のドナーに由来する細胞を使用して得られた実験の結果が，その細胞特有の性質によるものなのか，同じ組織に由来する別の細胞にも共通の性質によるものなのかを慎重に判断することが重要になります．Caseのなかで I さんに複数のドナーに由来する線維芽細胞を使用して追試をするよう指摘した指導教官は，初代培養細胞を使用する際に気を付けなければいけないことを知っていたのです．皆さんもせっかく得られた面白い結果を適切な形で発表・報告できるよう慎重に解析を行うことを心がけましょう．

（須藤和寛）

細胞の声
プライマリー細胞　データ解析　慎重に
プライマリー細胞を用いて得られた結果の検証は，異なるドナーに由来する同じ組織から分離した細胞を複数用いるなどして慎重に検証しましょう．

参考文献
1) Sudo K, et al: Stem Cells, 25: 1610-1617, 2007

第2章 細胞の培養操作に慣れていますか？ Ⅷ 凍結保存

13 細胞の凍結と融解，のんびりやっていませんか？

Case

常識度 ★★★★☆　　危険度 ★★★☆☆

Nさんは培養中の付着性細胞を凍結保存するための準備をしていました．細胞を培養容器から遠心チューブに回収して遠心し，培養上清を綺麗に取り除いてから凍結保存液を細胞のペレットに加え，よくピペッティングして細胞懸濁液をつくりました．凍結チューブに細胞懸濁液を分注している途中で上司から至急の仕事の依頼がありました．Nさんは上司からの依頼を先に片付けるために，すでに分注した細胞懸濁液の入ったチューブは－80℃の冷凍庫に入れ，残りの細胞懸濁液をいったん冷蔵庫で保存することにしました．数時間後，上司からの仕事を終えたNさんは冷蔵庫で保管しておいた細胞懸濁液を凍結チューブに分注し，－80℃の冷凍庫に保管しました．数週間後，冷蔵庫で保存してから凍結した細胞を融解して培養しようとしたNさんが目にしたのは，培地中に浮かぶ死細胞だけでした．

キーワード ▶ 凍結・融解，DMSO，細胞毒性

凍結保護剤

　細胞を凍結保存する際には，凍結保護剤（凍害防御剤）とよばれる物質を添加する必要があります．凍結保護剤を使わずに培養液やPBSなどに懸濁した細胞をそのまま冷凍庫に入れると，水分が凍結する際に発生する氷の結晶によって細胞が障害（破壊）されてしまいます．

　凍結保護剤としてジメチルスルホキシド（DMSO）やトレハロース，グリ

セリン，不凍タンパク質や不凍糖タンパク質などが知られていますが，最も汎用されているのはDMSOだと言ってよいと思います．DMSOは細胞膜を通過する低分子で細胞内に浸透し，氷の結晶が細胞内にできるのを防ぐことによって凍結から細胞を保護していると考えられています．トレハロースやグリセリンなども同様に細胞内外において氷の結晶が大きくなるのを抑制することにより，細胞を凍結から保護することができます．これらの凍結保護剤にはそれぞれ長所と短所があります．DMSOは非常に優れた凍結保護作用を示しますが，一方で非常に強い細胞毒性があるので，DMSOを含んだ細胞凍結保存液で懸濁した細胞はできるだけ速やかにフリーザーに移す必要があります．細胞毒性に加え，細胞によってはDMSOによって分化誘導が誘発される可能性がありますので，細胞の融解後には速やかにDMSOを取り除く必要があります．

　トレハロースやグリセリンはDMSOに比べると細胞毒性は低いのですが，凍結保護作用も低く単独での使用はあまり推奨されません．不凍タンパク質や不凍糖タンパク質は主に魚類や昆虫，植物などに由来するタンパク質で氷の結晶が成長するのを抑制する効果をもちます．生物由来であるため，安全性も高いと考えられますが，非常に高価であるため一般的に使用するには無理がありそうです．

細胞の凍結保存や融解は時間との闘い

1 細胞の凍結保存

培養細胞を凍結保存するための手順は大まかに言うと
① 細胞を遠心チューブなどに回収する
② 細胞を遠心してペレットにする
③ DMSOなどの凍結保護剤を含んだ凍結保存液で細胞ペレットを崩し，細胞懸濁液をつくる
④ 細胞懸濁液を凍結保存チューブに入れる
⑤ 凍結保存用容器に凍結保存チューブを入れ－80℃のフリーザーに入れる
⑥ 翌日，気相あるいは液相の窒素タンクに凍結保存チューブを移す

ということになります．すべての行程において特殊な訓練が必要になるよう

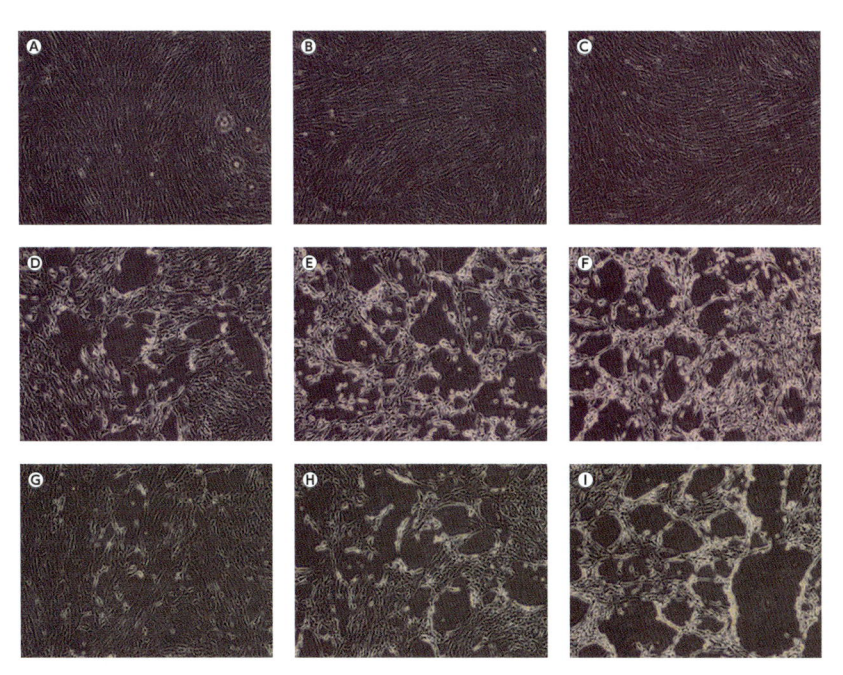

図 培養中の細胞にDMSOを含む凍結保存液を加えた場合の経時的変化
ヒト臍帯由来線維芽細胞に培養液（**A～C**），培養液＋10％DMSO（**D～F**），市販の凍結保存液（**G～I**）を加えてから，5分後（**A, D, G**），10分後（**B, E, H**），20分後（**C, F, I**）の様子．DMSOを含む凍結保存液に曝すことによって細胞が傷害を受けているのがわかる．

な難しい手技などはありませんので，細胞培養を問題なく行える人であれば細胞の凍結保存も問題なくできるはずです．が，2つ注意しなければいけないことがあります．

1つ目は，DMSOを培養液に添加して自分で調製した凍結保存液を使用する場合，調製してからすぐに使用してはいけないということです．DMSOを培養液に添加すると発熱しますので凍結保存液自体の温度が非常に高くなります．そのまま使用すると細胞に大きなダメージを与えることになりますので，培養液にDMSOを添加したら氷上や冷蔵庫などに置いて十分に冷えたことを確認してから使用するようにしましょう．

2つ目は，DMSOは細胞にとって非常に毒性の強い物質であり，暴露されている時間はできるだけ短くした方がよいということです．図は培養中の細胞にDMSOを10％含む培養液（汎用される凍結保存液）と市販の凍結保存

液（DMSOを含んでいます）を加えて室温で放置した場合の細胞の様子を観察したもので，培地だけの場合，20分経っても細胞にほとんど変化はみられませんが，培地にDMSOを加えた凍結保存液ではわずか5分後には細胞が縮みはじめているのがわかります．その後，時間の経過とともに細胞はどんどんと縮み，20分後にはほぼすべての細胞が培養容器から剥がれてしまいました．市販の凍結保存液はDMSOを培地に加えた凍結保存液より緩やかではありましたが，やはり20分後にはほぼすべての細胞が完全に縮んで培養容器から剥がれてしまいました．細胞がDMSOに暴露されている時間はできるだけ短くすることを心掛けましょう．

2 細胞の融解

　凍結保存してある細胞を培養するためには，融解して培養液に懸濁して培養容器に播種する必要があります．通常，凍結細胞の融解にはウォーターバスなどを用いて37℃の湯中で凍結チューブを振盪しながら融解する方法が用いられます．これは，細胞懸濁液が再凍結して細胞にダメージを与えるのを防ぐためです．再凍結とは，溶け始めた細胞懸濁液が再び凍ってしまう現象のことで，細胞懸濁液が0℃付近に達した時に刺激を加えることによって誘発されることがあります．再凍結が起こると細胞の内外において氷の結晶が一気に成長してしまい，細胞に大きなダメージを与えることになるため絶対に避けなければいけません．そのため，凍結保存された細胞の融解は湯中で速やかに行うのがよいとされています．ES細胞やiPS細胞などの融解には温めた培養液を凍結チューブ中に加える方法も採用されていますので，事前に細胞に合わせた融解方法を確認しておくことも必要です（第2章-14参照）．

　再凍結を起こすことなく無事に細胞を融解できたら速やかに細胞懸濁液を温めた（室温でもよいと思います）培養液で希釈するようにしましょう．細胞懸濁液を10倍程度（DMSOの濃度が1%程度）まで希釈すれば，DMSOによる細胞へのダメージはかなり軽減させることができます．DMSOを完全に取り除くために遠心して上清を捨て，新たな培養液で細胞を懸濁してから培養容器に移して培養を開始する方法が一般的ですが，付着性細胞の場合は培養液で希釈した細胞懸濁液をそのまま培養容器に移して細胞培養を開始することも可能です．ただし，DMSOを除去せずに培養を開始した場合には翌日培養液を交換するなどしてDMSOを取り除くことをおすすめします．また

前述の通り，細胞の種類によってはDMSO存在下で培養することによって分化誘導が誘発されてしまうこともありますので，明確な理由が無い限りDMSOは培養開始前に完全に取り除いた方がよいと思います．

（須藤和寛）

> **細胞の声**
> **DMSOへの　暴露は短く　凍結融解**
> 細胞の凍結保存に欠かせない凍結保護剤DMSOは細胞にとっては毒物ですので，凍結していない状態での暴露はなるべく短い時間で済ますようにしましょう．

第2章 細胞の培養操作に慣れていますか？　Ⅷ 凍結保存

14 いつも同じ方法で融解していませんか？

Case

常識度 ★★☆☆☆　　危険度 ★★★☆☆

数種類の株化細胞を扱って細胞培養に慣れてきたF君は，新たにヒトiPS細胞を使った実験を始めることになり，細胞バンクから入手しました．細胞バンクから届いたiPS細胞には「融解方法の注意」と書いてある書類が同封してありましたが，「いつも通りウォーターバスで温めて溶かすだけだろうから，特に見るまでもないな」と考えて読まずに放っておきました．早速，ウォーターバスで解凍し，ディッシュに播種しましたが，翌日以降，一向にiPS細胞が増えてくる気配がありません．そこで心配になって「融解方法の注意」の書類を確認したところ，今まで見たこともない融解手順が書いてあり，融解前に目を通さなかったことを後悔することになってしまいました．

キーワード ▶ 凍結保存法，ガラス化法

細胞の凍結方法と融解操作

　培養細胞を長期間，安全に保存するため，さまざまな凍結保存法が開発されてきました．現在では，簡単な操作で凍結・融解できること，多くの種類の培養細胞に適応可能なことから，細胞の凍結には10％前後のDMSOやグリセロールを用い，1℃/1分程度のスピードでゆっくり冷やして凍結する「緩慢冷却法」が幅広く利用されています．しかし，すべての種類の細胞が緩慢冷却法で効率よく凍結保存可能というわけではなく，なかには融解後の生存率が極端に低くなってしまう種類の細胞もあり，異なる凍結方法である

表 こんなに違う緩慢冷却法とガラス化法

	緩慢冷却法	ガラス化法
凍結保存液	5〜20％程度のDMSOやグリセロール（37℃程度の温度が高い状態では毒性の影響を受けやすいが，低温ではある程度毒性の影響を抑えることができる）	DAP213（2M DMSO，1 M Acetamide，3 M Propyrenegrycol/培地）などのガラス化溶液 細胞毒性が強い（液体状態の凍結保存液に数分間浸すだけで，ほとんどの細胞が死滅してしまう）
凍結操作	1 mLの凍結保存液に細胞を懸濁後，1℃/1分前後ゆっくり冷却して凍結させる	液体窒素（-196℃）に浸し，急速冷却する
融解操作	37℃の温浴中で温め，すばやく解凍する	37℃に温めた培地を直接クライオチューブに注ぎ，ピペッティングを行って，急速解凍，急速希釈する
凍結細胞を長期間安定して保存可能な温度	-80℃で数週間程度であれば保存可能	-130℃以下の超低温でないと安定的な保存ができない．-80℃ではガラス化状態を維持できず，融解後の生存率が極端に低下する

「ガラス化法」が用いられている場合があります．特に，ヒトを含む霊長類の多能性幹細胞（ES細胞，iPS細胞）は，緩慢冷却法では解凍後の生存率が低くなってしまうことがありました．「緩慢冷却法」と「ガラス化法」は，凍結操作や融解操作，安定して長期保存できる温度などが全く異なっており（表），それぞれの凍結方法にあわせた融解操作や保存管理を行わないと，融解後に細胞が全く起きないトラブルにつながってしまいます（第2章-13参照）．新たな細胞を入手した際は，用いられている凍結方法を必ず確認し，凍結方法に応じた適切な方法で，融解する必要があります．

緩慢冷却法とガラス化法の違い

通常，培養している細胞をそのまま凍らせると，ほぼすべての細胞が死んでしまいます．これは水分が凍ることで氷の結晶が形成され，凍結している細胞の細胞膜や細胞内小器官などを傷つけてしまうためです．そのため，細胞の凍結保存では，氷の結晶が生成するのを抑えて，凍結・融解時に細胞が傷つかないように工夫する必要があります．緩慢冷却法は凍結保護剤を細胞に浸透させた後，徐々に温度を下げることで，細胞外に氷晶ができても，細胞の周囲や細胞内での氷晶形成は抑えられる状態をつくることで，凍結のダメージを抑えています．一方で，ガラス化法は高濃度の凍結保護剤からなる

ガラス化溶液（急冷することで，氷の結晶を形成せずに固化する溶液）で細胞を脱水し，液体窒素に浸して急冷することで，細胞の内外で氷晶の形成を抑制する方法になります．

ガラス化法の特徴

　ガラス化法は高濃度のガラス化溶液を用いるため，細胞への毒性が非常に強いという特徴があります．そのため凍結時には，細胞がガラス化溶液に触れてから液体窒素中で凍結されるまでの時間が，できるだけ短くなるように作業する必要があります．また，これは凍結時だけではなく融解時にも当てはまり，緩慢冷却法で凍結した細胞のように37℃のウォーターバスで融解した場合，細胞が溶けた端からガラス化溶液にさらされる状態になり，細胞がダメージを受けて速やかに死滅してしまいます．そのためガラス化法で凍結した細胞は，温めた培地をクライオチューブに直接注ぎ，ピペッティングを行うことで，急速に融解するとともに急速に希釈する方法を用いています．

　また，ガラス化法で凍結した細胞は，凍結・融解操作だけではなく，保存温度にも注意する必要があります．緩慢冷却法で用いる10％DMSOの凍結保存液は水とあまり変わらず，0℃以下の温度で凍って固体化し，−80℃くらいの温度でも数週間程度は安定して保存が可能です．しかし，DAP213からなるガラス化溶液は，固化して安定化する温度が非常に低く，−80℃程度ではガラス化状態を安定して保持できないため，−130℃以下の超低温で保存する必要があります（第2章-15参照）．そのため，凍結細胞の取り出しや一時的なもち運びの場合でも必ず液体窒素に浸して取り扱う必要があり，

コラム

「説明書は読まないタイプ」の人はご用心

細胞を入手した際に，細胞の培養条件や培養方法に関する情報や，取り扱いの注意に関する書類が添付されていることがあります．今まで使ったことがある細胞と似ているし，そんなに違わないだろうと考えて，指定された培養条件や融解方法通りに行わず，培養に失敗してしまうケースが多くみられます．新たな細胞を入手した際は，必ず送付された細胞情報に一通り目を通してから，細胞を融解するようにしましょう．

緩慢冷却法で凍結した細胞以上に取り扱いに気を付ける必要があります．

　また，凍結細胞を遠方まで輸送する際も，一般的な凍結細胞の輸送に利用されているドライアイス梱包（－70℃程度）では輸送できず，液体窒素で冷却したドライシッパー（－180℃前後）を用いる必要があります（第1章-18参照）．

　このように緩慢冷却法とガラス化法は，凍結保存の原理や，凍結・融解の方法，保存温度が大きく異なるため，凍結細胞を入手した際は，その細胞がどんな方法で凍結されたものなのか把握し，適切な方法で取り扱う必要があります．

（藤岡　剛）

細胞の声
ガラス化法　融解時も　要注意！
汎用されるDMSOを用いた緩慢冷却法とガラス化法は凍結のみならず融解方法も異なるため，注意が必要です．

第2章 細胞の培養操作に慣れていますか？　Ⅷ 凍結保存

15 凍結細胞を−80℃で保存していませんか？

Case

常識度 ★★★☆☆　　危険度 ★★★★☆

大学院生のKさんは，同じ性質の細胞を使って継続して実験を行うために，細胞の凍結保存ストックをつくりました．対数増殖期にある状態のよい細胞を，緩慢冷却法を用いて凍結し，研究室の共用超低温フリーザ（−80℃）に保存しました．数カ月ごとに凍結保存ストックから凍結細胞を融解して実験に使用していましたが，徐々に細胞の生存率が悪くなり，初期の頃のように細胞が培養できなくなりました．

キーワード ▶ 長期保存，液体窒素

保存中の温度管理が大切です

　凍結保存中の温度は，細胞の生存率に大きく影響します．細胞内外に氷晶の形成や成長が起こらない温度（−130℃付近）以下では，細胞内は安定化しています．細胞の多くは，超低温下での安定した温度を保つことで，細胞の生理活性や機能などのもともとの性質を維持して長期間保存することが可能です．

　液体窒素保存容器は，液相は−196℃，気相は約−160℃の超低温を保つことができるため，長期保存に適しています．理化学研究所細胞材料開発室において液体窒素液相中に20年間保存していた細胞株（ガラスアンプル）を，凍結融解して生存率を検査したところ，ほとんどの細胞の生存率は，凍結時と変わらず，再培養が可能という結果でした．

　短期間であれば−80℃超低温フリーザーでの保存が可能ですが，この温度帯では細胞内は不安定で，保存期間が長くなると徐々に生存率が悪くなりま

す．また，フリーザーが共用機器の場合，複数の実験者がドアを開閉することにより庫内温度が一定に保たれない恐れがあります．庫内の保管位置が，扉の近くか，庫内奥かでも温度変化による影響が異なります．再培養可能な状態を保つには，−80℃以下の安定した温度を維持することが重要です．ヒトES細胞・iPS細胞で用いられている急速冷却法（ガラス化法）による凍結細胞は，ガラス化状態を維持するために，必ず液体窒素タンクまたは−150℃以下の超低温フリーザーへ保存します．

凍結保存容器はどれも同じ？

凍結保存容器には，ガラスアンプルとプラスチックチューブがあり，それぞれ特性が異なります（表）．

表　凍結保存容器の特性

	ガラスアンプル	プラスチックチューブ
気密性	高い	低い
扱い易さ	×	○
熱伝導性	高い	低い

プラスチックチューブは気密性が完全ではなく，蓋の隙間からの液体窒素の流入やそれにともなう微生物汚染の危険がありますから，気相で保存することが必須です．また，液相保存でガラスアンプルのピンホールや，プラスチックチューブの蓋の隙間から液体窒素が流入した場合，液相から取り出し後，凍結容器が温まることで流入した液体窒素が急速に気化して膨張し，破裂することがあります[※]．プラスチックチューブは蓋を少し緩めて冷却された気体をのがした後，蓋を締め直してから凍結融解操作を行います．凍結容器を広口びんに入れ，破裂の危険が無いか確認してから作業を行うこともできます．

破裂事故や液体窒素の低温から身を守るために，作業時には必ずフェイスガード，保護手袋を着用します．肌をなるべく露出させないよう衣類（白衣など）で覆うことも大事です．

凍結状態だからといって安心できません

保存場所から凍結容器を出し入れする際には，室温下で作業はせずに，必

※：液体窒素の液密度は約650倍．

ず凍結容器を液体窒素中に浸けながらできるだけ速やかに行います．室温での作業が短時間であっても凍結容器内の温度は上昇します．凍っているように見えますが，細胞内の微細な氷晶が融解し，大きな氷晶へと再結晶化が起こることで，細胞が傷ついて細胞の生存率に大きな影響がでます．ガラスアンプルは熱伝導率が高く温度による影響を受けやすいため，取り扱いには特に気を付けます．保存場所から実験室までの移動は，ドライアイス中に入れるなど，温度を上昇させないよう心がけます．急速冷却法により凍結した細胞は，必ず液体窒素に入れて移動します．

あの細胞はどこ？チューブの中身は何だったっけ？

　液体窒素タンクや超低温フリーザーに凍結細胞を保存する場合，保存記録簿を作成しておくと，どこに何が保存してあるのか位置がわかります．保存記録簿には，細胞名，継代数，保存者名，保存日や使用日などを記入しておきます．凍結保存容器にも細胞名，継代数，保存日，保存者名などの必要事項を記載しておくと，取り出し時に照合でき，取り違いの防止になります．共用機器へ保存する場合は，使用者どうしで使用上のルールを決めておくことも大切です．

大切な細胞を失わないために

　液体窒素は常に気化して蒸発していますから，蒸発による損失分を定期的に補充する必要があります．また，機器の故障や停電などの不慮の事故に備え，凍結保存細胞を移動するスペースを確保しておきます．庫内の温度上昇を防ぐためには，必要もないのに扉を開けてはなりません．超低温フリーザーでは，ドライアイスを投入したり，液体窒素や液化炭酸ガス用の自動補助冷却装置を設置・稼働させることもできます．また，2カ所以上に分けて保存しておくなど，リスク分散しておくことも大切な細胞を守る対策の1つです．

（栗田香苗）

> **細胞の声**
> ## 長期保存 −80℃では 不十分
> 凍結細胞が安定するのは−130℃（ガラス化法では−150℃）以下です．保存場所と取り扱いに留意しましょう．

参考文献

- 『細胞培養なるほどQ＆A』（許 南浩／編），羊土社，2004
- 『無敵のバイオテクニカルシリーズ　改訂 細胞培養入門ノート』（井出利憲／著），羊土社，2010
- 『目的別で選べる細胞培養プロトコール』（中村幸夫／編），羊土社，2012
- 『基礎生化学実験法 第1巻 基本操作』（日本生化学会／編），東京化学同人，2001
- Mazur P：Am J Physiol, 247：C125-142, 1984

第2章 細胞の培養操作に慣れていますか？　Ⅸ 長期使用のための工夫

16 ストックの作製，後回しにしていませんか？

Case

常識度 ★★★★★　　危険度 ★★★★☆

F君はとある遺伝子の機能を調べるため，目的の遺伝子をノックアウトした3T3-E1細胞のサブラインを作製することにしました．組換えがなかなかうまくいかず，かなり時間がかかってしまいましたが，やっとのことで目的の遺伝子がノックアウトされたクローンを拾ってくることができました．クローン作製に時間がかかってしまったため，目的の実験をやり遂げるための時間があまり残っていません．急いで実験を進めるべく細胞が増えた端からすべて使用し，あと数実験で，結果がまとまりそうなところまでたどり着きました．ところがある朝，実験に使うために細胞の様子を見に来たところ，先日継代したディッシュがすべてコンタミして，細胞は全滅しています．余裕ができればそのうち凍結ストックをつくろうと思っていながら，実験を早く進めたくて後回しにしていたF君，起こしなおせる細胞は1本もありません．せっかくあと少しでまとまりそうだった研究も最後の詰めの実験ができないとなると，まとめることができません．F君は目の前が真っ暗になってしまいました．

キーワード ▶ マスターストック，ワーキングストック

細胞ストックの重要性

話を聞いているほうもあまりの悲劇に目を覆いたくなるほどです．しかし，このようなトラブルを避ける方法はありました．F君が心の片隅で考えてい

たように，何よりも優先して，まずは凍結ストックを確保しておくべきでした．しかし貴重な細胞がなくなってしまった今となっては研究を継続することすらできず，すべてがあとの祭りです．細胞を使って実験している皆さん，細胞のストックは何よりも大事です．

細胞ストックの役割

　実験に使用する細胞をトラブルで絶やしてしまわないように，細胞を作製もしくは入手した際は，できるだけ速やかにマスターストック（最初期の保存ストック）を作製し，液体窒素タンクなどの安全な保存容器中で凍結保存しておくことが非常に重要です（図）．

　細胞のストックを作製し凍結保存することは，細胞が滅失してしまうことを防ぐという役割の他にも重要な意味があります．細胞は分裂して増殖し，継代を続けていく間に変異をもった細胞がしばしば出現します．これらの変異をもった細胞が，「増殖が速い」「継代のストレスに強い」などの培養系で優位な性質を獲得した場合，培養している細胞集団は徐々に，変異をもった細胞集団に置き換わっていくことになります．そのため，元の細胞集団が保

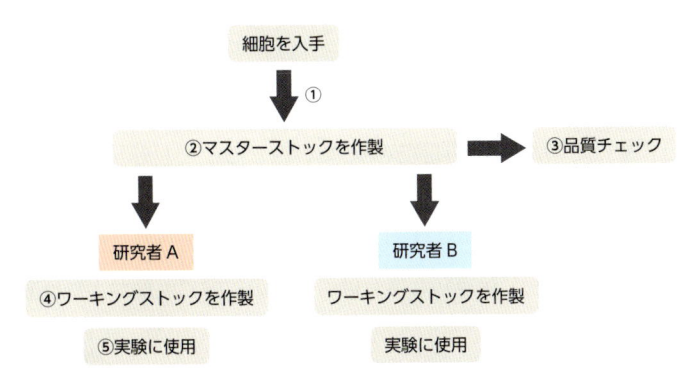

図　細胞ストックの作製・管理の例
①細胞を増やします．②できるだけ少ない継代数でマスターストックを作製します．③マスターストック作製後，細胞の性質をチェックしておきます（ストックは研究室で管理）．④使用する研究者ごとにワーキングストックを作製します（ストックは研究者ごとに管理）．実験中に細胞の性質が変わってしまった場合は，ワーキングストックから起こし直して使用します．⑤実験中にも必要に応じて再現性確認のための証拠となるストックを，適宜作製しておきます．

持していた性質が，培養を続けるうちに失われてしまう場合があります（第2章-1参照）．研究目的を遂行するために必要な細胞の性質（研究目的が分化誘導である場合は分化能，ウイルスの感染試験であればウイルス感受性など）が失われてしまった場合，その細胞を使用して研究を進めていくことが困難になってしまいます．細胞の性質が変わってしまう前に，研究を遂行するために必要な凍結細胞のストック（ワーキングストック）を十分に確保しておき，細胞の性質が変わってきたらワーキングストックを起こしなおして使用するなどの管理が必要です．

細胞ストックの保存の注意

細胞ストックは液体窒素タンク（液相-196℃，気相-160～170℃前後）など超低温下で保管することで，半永久的に保存が可能と考えられています（第2章-15参照）．そのため，いったん凍結保存が済んでしまうと無条件に安心してしまいがちですが，凍結保存中に何らかのトラブルが起こると，ストックがすべて失われてしまう危険性があります．そのため，起こりうるトラブルを想定して，不用意な事態を招かないように日ごろから気を付けて管理することが重要です．

たとえば，日常使いの細胞と同じラックに長期保存用のマスターストックを一緒に入れてしまうと，頻繁に保管庫から出し入れされることにより，徐々に凍結細胞が傷んで，融解後の生存率が低くなり使えなくなってしまう場合があります．そのため，長期間安定して保存することが必要な細胞は専用のラックを用意して，頻繁に取り出されないようにするなどの工夫があると安心です．

また，フリーザーで保存した場合は冷凍庫の故障で温度が上がってしまう

> **コラム**
>
> ### 信頼の証
>
> 研究成果の発表後，用いた細胞の提供を求められることがますます増えています．研究に用いた試料が失われないように保全し，適切に保存・管理していくことが，信頼性のある研究の第一歩です

トラブルや，液体窒素タンクで保存した場合は液体窒素の補充が遅れてタンク内の温度が上がってしまうトラブルも考えられます．そのため，保存容器や保存機器が問題なく稼働しているか定期的にチェックを行い，不用意に凍結細胞が失われないように管理していくことが重要です．また，管理者の不注意ではなく，火事や地震などの災害に巻き込まれて細胞が失われてしまう危険性もありますので，特に重要なサンプルは，遠隔地に分散して保存しておくことが理想です．

（藤岡　剛）

> **細胞の声**
> **培養は　1にストック　2にストック**
> 細胞を用いた研究は細胞が失われた瞬間終わりです．
> ストック作製を何より優先しましょう．

第3章 細胞の特性解析はできますか？　X 基本的な品質管理

1 微生物汚染をゴミと勘違いして見逃していませんか？

Case

常識度 ★★★★☆　　危険度 ★★☆☆☆

培養初心者のSさんは細胞培養を始めて毎日細胞のお世話をするのが楽しみで，充実した日々を送っていました．ある時，細胞を取り出して顕微鏡で観察すると，接着細胞なのに細胞が浮かび上がって動いているのが観察されました．研究室の先輩Kさんに相談すると，「細胞が接着しないトラブルはよくあるよ．どれどれ見てみよう」とのことなので，軽い気持ちでその細胞を観察してみると，細胞の姿は無く，細かいツブツブの見える膜状のものがユラーっと動いています．さらに培養液が異様に濁っていて，そっとふたを開けてみると，独特の臭いもします．どうやら，Sさんは細胞ではなく，一生懸命に細菌を増やしていたようです．

キーワード ▶ 培養液の濁り，微生物汚染，セルデブリス

微生物汚染させないためには……

　細胞培養の初心者は，培養操作が不安定で，どこかで細菌を入れてしまうことがあります．細菌によるコンタミネーションの機会は，あらゆるところに潜んでいます．手指，ウォーターバスの水，さらにキャビネット内での不完全な無菌操作でピペットの先が無菌的でない物に触れたのに気付かない（第2章-2参照），小さなチューブやアンプルから液を取るときに液をあふれ出させてしまう，などがあげられます．せっかくゴム手袋をしていても，うっかり顔や耳に触ってしまうと，手袋の指の先には細菌が付着してしまいます．

微生物汚染を防ぐには，器具類の滅菌，手指の消毒，手袋やマスクの着用，確実な無菌操作が必要です．さらに，観察眼を磨くことも大事です．培養している時に，もっと早く細菌のコンタミに気付けば，まるで，カレーハウスのラッシーのように濁ってしまう前に対応できたはずです．

微生物汚染の見つけ方と対処方法

1 細菌による汚染

　細菌によって培養細胞が汚染された場合は，顕微鏡をのぞくと黒いツブツブが見えることがあります．汚染の初期にはゴミと勘違いして非常に見逃しやすいものです．しかし，細菌の増殖速度は速いため，一晩培養を行うと培地が濁ってしまい，独特の臭いを放つようになってしまいます（図1）．せっかく培養した細胞が細菌汚染してしまうことは悲しいことですが，細菌汚染は発見しやすい汚染なので注意深く観察すれば見逃すリスクはありません．

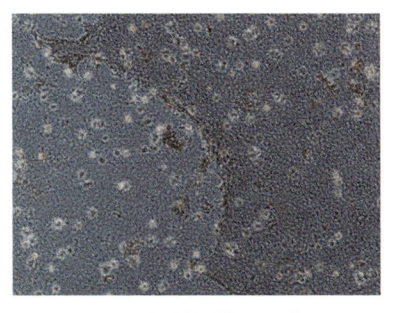

図1　細胞の細菌汚染の写真（倍率200倍）
細菌がびっしり増えて，何層にもなっています．生きている細胞はみられません．

2 真菌（カビ）・酵母による汚染

　真菌や酵母による汚染の場合は，細菌による汚染と異なり培養液は濁りませんが，肉眼でも確認できます．

　空調設備も整わない施設で培養していた時代には，真菌の汚染は多発しました（いわゆる「カビ」です）．近年は空調設備の整った培養室が多いうえに，クリーンベンチや安全キャビネットが普及しているので，無菌操作が完全であれば真菌の汚染は，あまり見かけなくなりました．しかし，採取したばかりの試料の培養や長期培養などでは，真菌による汚染にも注意が必要です．

　細菌や真菌よりも，さらにわかりにくい汚染は，酵母による汚染です．培地は濁りません．しかし，細胞より小さい丸いものが数個ずつ繋がったものを見つけて，「なんだろう」と思っていると，翌日にはさらに増えているとい

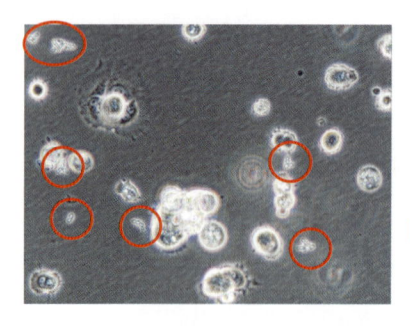

図2 酵母に汚染された細胞の写真（倍率400倍）
赤丸の中に酵母がみられます．

うことが起こります．死んだ細胞の破片であるセルデブリスと区別するには，酵母は輪郭がはっきりした同じような丸い形をしたものが，連なって存在しますが（図2），セルデブリスは輪郭がはっきりせず，大きさも色々で，きれいに繋がることはないので（図3），この見分け方を知っていれば，顕微鏡観察で汚染に気付くことができるはずです．

コラム

ナノバクテリア？ って知っていますか

細胞バンクに寄せられる質問によくあるのが，「細胞の解凍培養時に何か小さなブラウン運動をしているものがあるのですが，コンタミネーションですか？ ナノバクテリアですか？」というものです．セルデブリスであることがほとんどなのですが，細菌であれば翌日には濁ってきますし，酵母は大きさが異なります．ではナノバクテリアとは何でしょう？

ナノバクテリアは，1998年にフィンランドの科学者によって発見された，ハイドロキシアパタイトに包まれた直径20〜500 nmの粒子です．宇宙から来た，最小単位の生命体とも言われ，ヒトの結石や動脈硬化などの疾患との関連も疑われ，大いに注目を浴びました．しかし，その後，色々調べれば調べるほど生命体としては不審な点が浮かび上がり，結局，これは生命体ではなく培養液，血清，セルデブリスなどがからんだ，無機物と有機分子の複合体に過ぎないことが明らかになりました[1]．細胞バンクでも，増殖がきわめて遅い血球系の細胞株の培養中に，このような，ブラウン運動をする極小な粒子の増殖を認め，外部の研究者の協力を得て，この粒子が，いわゆるナノバクテリアと言われるものと同じであろうという結論を得ました[2]．その後，この粒子からDNAを抽出するために，粒子を包むカルシウムを酸で溶かし，DNAを抽出しましたが，ゲル電気泳動で100 bp付近にブロードなバンドがみられるにすぎず，生命体のゲノム情報としてはあまりに小さい，という結果でした（未発表データ）．

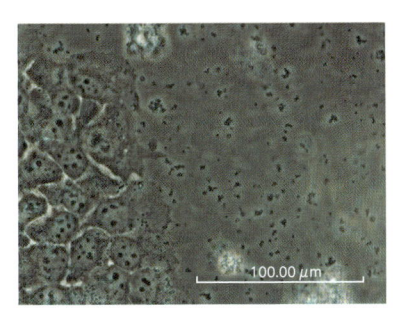

図3　セルデブリスの写真（倍率400倍）
継代培養後，培地交換なし5日目．細胞は増殖しています．継代した時に接着しなかった細胞や，培養中に何らかの理由で死んだ細胞が分解して，多数のセルデブリスが出現しています．

3 微生物汚染した時の対処方法

対処方法といっても，細菌・真菌・酵母の汚染の場合においては，よほど貴重な細胞でない限り，汚染を取り除くことなどは行いません．周囲に広げないように気を付けてオートクレーブ滅菌して処分します．新しい培地などを準備し，新たな細胞ストックを出して培養を開始してください．もっとも気を付けなければいけないのは，CO_2インキュベーターを汚してしまった時です．湿度の高いCO_2インキュベーター内で，培地をこぼしたりしたのを放置すると，トレイの裏に真菌が生えることもあり，注意が必要です．いったん真菌が生えてしまうとその胞子がインキュベーター内に蔓延してしまい，他の細胞も汚染してしまうことがあるので，インキュベーターを水洗したり除菌したりするなどの対処を徹底的に行う必要があります．

（塩田節子）

― 細胞の声 ―
そのツブツブ　ゴミじゃなければ　コンタミです
誰もが経験するコンタミ．
早期発見・適切な対処をできる眼と知識を養いましょう．

参考文献
1）楊 定一，J. マーテル：明らかになったナノバクテリアの正体．日経サイエンス2010年4月号：pp.30-38，日経サイエンス，2010
2）Harasawa R , et al：In Vitro Cell Dev Biol Anim, 42：13-15, 2006

第3章 細胞の特性解析はできますか？　Ⅹ 基本的な品質管理

2 目に見えないマイコプラズマ汚染を見過ごしていませんか？

Case

常識度 ★★☆☆☆　　危険度 ★★★★☆

大学院で研究に励んでいたOさんは，4年もの長い年月をかけて培養細胞から新規の生理活性物質を単離できたと喜んでいました．ところが，学位審査の直前にその培養細胞がマイコプラズマに汚染されていることがわかり，生理活性物質についても再検証を行った結果，新規物質だと思っていた物は，マイコプラズマ由来の，それも既知物質であることが判明しました．Oさんの学位審査はどうなってしまうのでしょう．

キーワード ▶ マイコプラズマ汚染，マイコプラズマ検査

マイコプラズマ汚染を見過ごさないためには……

　培養細胞のマイコプラズマ汚染頻度は非常に高いのが現状です．JCRB細胞バンクで全国調査を行ったところ汚染率26％という結果が出ています．したがって，普段から目に見えないマイコプラズマ汚染に関して意識して検査を行う習慣を身につけないと，苦労して得られた研究成果も無駄になってしまうことがあるのです．

マイコプラズマとその検査方法

1 マイコプラズマの特徴と影響

　マイコプラズマは，自己増殖能をもつ非常に小さいバクテリアで，ゲノムサイズは約50万塩基対，大きさは一般的な細菌（1〜2 μm）の1/10程度で，インフルエンザウイルスと同等の大きさを示します（図1）．またマイコ

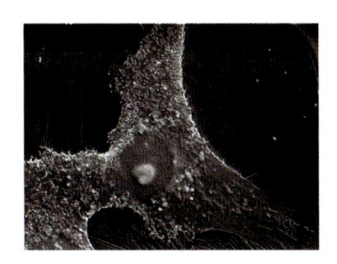

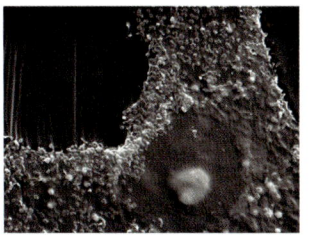

図1 走査型電子顕微鏡で撮影したVERO（JCRB0111）に感染したMycoplasma fermentans
目玉焼き状の丸い部分は細胞の核です．細胞質の部分にマイコプラズマが認められます．

プラズマは細胞壁をもたないため可塑性を示し，0.22 μmフィルターを通過します．細胞培養において一般的に使用される抗生物質のペニシリンは細胞壁合成阻害剤であるため，細胞壁をもたないマイコプラズマは感受性をもたず，カナマイシンやゲンタマイシンなどには耐性をもつものが多いとされています（第1章-5参照）．

人体への影響としては，*Mycoplasma pneumoniae*という種類によってマイコプラズマ性肺炎が引き起こされます．日本では4年ごとにマイコプラズマ肺炎の大規模な流行があり，かつて「オリンピック熱」とよばれていましたが，今では4年ごとの流行周期は崩れています．

細胞への影響はさまざまあり，細胞の増殖および形態，染色体数，細胞の代謝，インターフェロンの産生，リンパ球の幼若化反応，免疫反応，ウイルスの増殖など，非常に多くの報告がなされています．また培養細胞と共存して増殖するため，カビや細菌による汚染とは異なり，培地の混濁や細胞の死滅といった目に見える変化を伴わないのも特徴の1つです．

2 マイコプラズマ汚染の現状

2002～2011年の間にJCRB細胞バンクに寄託された細胞では，約15％の細胞がマイコプラズマに汚染されていました．また，日本組織培養学会の協力による全国調査では，約26％で汚染が確認され，ブタを自然宿主とする*M. hyorhinis*による汚染が多いことがわかりました．自然宿主がブタであるマイコプラズマの汚染が多いことから，現在の試薬などによる汚染ではなく，研究室内で昔からの汚染が継続され，さらには水平に汚染拡大を起こし

ていると推測されます．このように，1956年にRobinsonらによってHeLa細胞からマイコプラズマ汚染が発見されてから約60年が経ちますが，細胞のマイコプラズマ汚染はなくならず，現在でも研究者を悩ませています．

3 マイコプラズマの検査法

マイコプラズマ検出方法として，主に次のような方法があります．

a) **直接培養法**：培養液によって直接マイコプラズマを培養し，生育確認を行う方法．比較的感度が高く，多くのマイコプラズマを検出できますが，培養条件が煩雑で時間がかかることが短所です．

b) **蛍光染色法**：指標細胞上でマイコプラズマを増殖させて，DNAをHoechst 33258などで蛍光染色して検出する方法（図2）．検出感度は高いですが，指標細胞上での培養を含めて約1週間かかり，結果判定には習熟が必要なことが短所です．

c) **PCR法**：検査対象から抽出したDNAを鋳型にマイコプラズマ由来のDNA断片をPCRによって増幅して検出する方法．感度は高いですが，検出できるマイコプラズマ種に限りがあり，すべてのマイコプラズマを検出できるわけではありません．

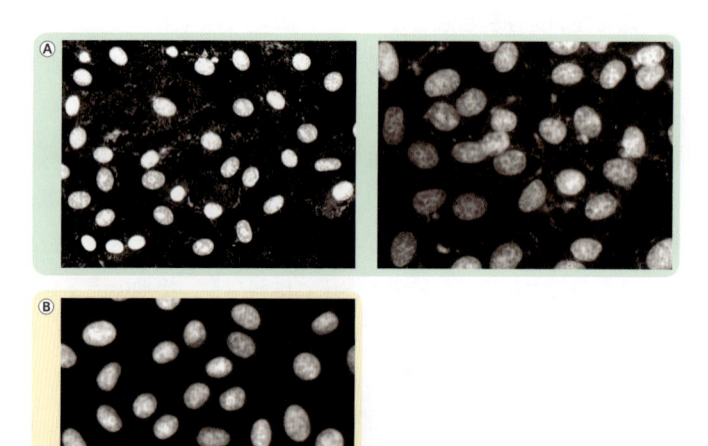

図2 マイコプラズマ汚染されたVERO（JCRB0111）を蛍光染色法で観察したもの
丸く染色されているのはVEROの核です．**A)** 陽性：汚染したマイコプラズマが細胞質部分に蜘蛛の巣状に見られます．**B)** 陰性：汚染は見られません．

d) **生物発光法**：マイコプラズマ特有の酵素活性をルミノメーターにて検出する方法．簡便で迅速検査に適していますが，感度が低いことが短所となっています．

この他にも電子顕微鏡法やELISA法などさまざまな検出法があります．しかし研究室によっては，試薬や機器などの都合によって行える検査法に制限を受ける場合があるでしょうし，どのような場合でも，各検査法の特徴を十分に理解し，それぞれに適した陽性対照と陰性対照を選ぶ必要があります．またマイコプラズマ汚染の見逃しを防ぐためにも，いくつかの検査法を組合わせて，研究の開始時と終了時に検査を実施する習慣を身につけましょう．

4 マイコプラズマ汚染細胞の対処法

マイコプラズマ検査によって汚染が見つかった場合は速やかに廃棄し，非汚染細胞を新しく入手することが望ましく，自ら樹立した細胞など代替のきかない細胞の場合にのみ汚染の除去作業を行うべきです．この除去作業により細胞の特性が変化する可能性もあり，適宜確認を行う必要があります．

一般的な抗生物質によるマイコプラズマ汚染の除去は難しく，さまざまなメーカーからマイコプラズマ除去薬が販売されています．JCRB細胞バンクではキノロン系抗生物質であるMC-210（DSファーマバイオメディカル社）を第一選択薬とし，MC-210で除去ができなかった場合は，マクロライド系とキノロン系の抗生物質の混合剤であるPlasmocin（InvivoGen社）を使用しています．薬剤処理で汚染除去を実施し，その後3カ月の継続培養によって汚染除去の確認を行っています．しかし，こうしたマイコプラズマ除去薬を日常的

コラム

海外の研究者にとってマイコプラズマ検査は当たり前？

以前に海外のバンク利用者から「分譲された細胞にマイコプラズマ汚染が認められた」という指摘を受けたことがあります．これは海外の利用者が，バンクから入手した細胞であっても，受け入れ時にマイコプラズマ検査を行っている証でもあります．しかしながら，国内のユーザーからこういった指摘を受けることが無いのが現状です．バンクでは，分譲する細胞の品質検査を行い，高品質な細胞の分譲を行ってはいますが，マイコプラズマ汚染は，目に見えない汚染であることから，そのリスクはゼロにはなりえません．国内外を問わず，バンクや企業からの入手であっても，細胞の受け入れ時にはマイコプラズマ検査を行う必要性があります．

に培養液に加えて培養を行うことは，耐性菌を生み出しかねないため，推奨されません．このように，汚染したマイコプラズマの除去には非常に多くの時間と手間が掛かることから，未然にマイコプラズマ汚染を防ぐことが重要です．

5 マイコプラズマ汚染を防ぐには？

　マイコプラズマはヒトの口腔内にも存在するので，培養環境が整備された状態で手袋やマスクなどを忘れず着用したとしても，培養中に唾液が飛べば，汚染の原因となるので，実験中は私語を慎む必要があります．また汚染の拡大は，細胞間の水平汚染が多いとされることから，培地類は少量のストックをつくり，同じボトルを複数の細胞で共有しないなど，「1つの培地に1つの細胞」を原則とすることが汚染拡大防止につながります．さらに，細胞に培地を添加した後のピペットを培地ボトルに戻さないことや，安全キャビネット内で同時に2つ以上の細胞を扱わないことなども重要になります．「マイコプラズマに汚染された細胞を用いての研究」を防ぐためには，このように培養細胞を使用している研究者が関心をもって，十分な知識と技術を身につけることが，非常に有効であると考えられます．

（大谷　梓）

> **細胞の声**
> **見えない敵　マイコプラズマ　要検査**
> 汚染率（感染率）26％にもなるマイコプラズマ．時間とお金を無駄にしないため，検査の習慣化が望まれます．

参考文献

『マイコプラズマ図説』（佐々木正五／編），pp.2-16，東海大学出版会，1980
『マイコプラズマとその実験法』（輿水 馨，清水髙正，山本孝史／編），pp.3-11，pp.309-329，近代出版，1988
『組織培養の技術[第二版]』（日本組織培養学会／編），pp.62-65，朝倉書店，1988
『細胞培養ハンドブック』（鈴木利光／編），pp.99-104，中外医学社，1993
『細胞培養なるほどQ＆A』（許 南浩／編），pp.141-155，羊土社，2004
『改訂 培養細胞実験ハンドブック』（許 南浩，中村幸夫／編），pp.69-74，羊土社，2009
小原有弘 他：Tiss Cult Res Commun, 26：159-163, 2007
大谷 梓：Japanese Journal of Mycoplasmology, 39：52-53, 2012
JCRB細胞バンクホームページ：http://cellbank.nibiohn.go.jp/

第3章 細胞の特性解析はできますか？　X 基本的な品質管理

3 ウイルス汚染を知らないまま細胞を培養していませんか？

Case

常識度 ★★★☆☆　危険度 ★★★★★

大学院生のSさんは大学院に入ってから毎日一生懸命研究を行い，土日も休まず細胞培養を実施していました．ある学会前に，研究の追い込みをするため数日徹夜が続いてしまいました．こんな疲れた状態のためか，普段は気を付けて行っているマウスへの細胞の注射を誤って自分の手に刺してしまいました．Sさんが使っていた細胞はHTLV-1陽性細胞で，白血病になってしまうのではないかと不安で不安でたまりませんでした．幸いにも健康被害は起こりませんでしたが，大学では大問題となり，夜間・休日に研究する場合の管理体制整備が進めらるとともに，事故が起こった時の対処マニュアルを作成しなければいけないという大仕事になってしまいました．

キーワード ▶ ウイルス産生細胞，ウイルス汚染，ウイルスチェック

細胞のウイルスチェックは？

　研究者が使用している細胞のウイルスチェックはほとんど実施されていないのが現状です．近年ヒトに対して病原性を示すようなウイルスのチェックを細胞バンクで始めたばかりであり，すべての細胞が安全であるという保証はできません．そのため細胞バンクではヒト由来の細胞を用いる場合には検査未実施のウイルス混入の可能性，未知なるウイルス混入の可能性があるため，BSL2での取り扱いを推奨しています（第4章-4参照）．自分が使用している細胞のウイルス感染状況をしっかりと把握して，細胞を安全に取り扱うことに心がけましょう．

培養細胞で検出されるウイルス

1 がん細胞とウイルスの関係

　培養細胞は個体の生物とは異なり，完全な感染防御能力をもっていません．また，細胞は生体の一部から樹立されるので，その個体が感染しているウイルスを保持したまま樹立される可能性があります．ましてヒト由来の細胞であれば，ヒトに持続感染しているウイルスをもっている可能性は高いと考えられます．ヒトに感染するウイルスのなかには，一過性の感染症を起こすウイルスや，いったん体内に入ったウイルスによって症状が治まった後も，体のどこかに潜んで，生涯にわたって持続感染するウイルス，さらに，持続感染した細胞を，ついにはがん化してしまうウイルスもあります．ヒトT細胞白血病ウイルス（HTLV），B型肝炎ウイルス（HBV），C型肝炎ウイルス（HCV），エプスタイン-バールウイルス（EBV），カポジ肉腫関連ヘルペスウイルス（KSHV），ヒトパピローマウイルス（HPV）などが，がんをつくるウイルスとしてあげられ，これらのがんウイルスは培養細胞のDNAやRNAだけでなく，ウイルス産生細胞の培養上清からも検出されます．

2 細胞株でウイルスが検出される場合

　がんを引き起こすウイルス以外にも，培養細胞においてウイルスが検出されることがあります．それは，①ウイルスに感染した生物から細胞を樹立した場合，②細胞の不死化にウイルス（あるいはその一部）を用いた場合，③汚染された生物起源の試薬の使用，④細胞取り扱い中における汚染，があります．ウイルスに感染した動物から細胞を樹立した場合には，マウスレトロウイルス，マウス肝炎ウイルス，センダイウイルス，エクトロメリアウイルスなどが検出される可能性があります．また，細胞の不死化には，EBV，シミアンウイルス40（SV40），HPVなどが使用されていることがあります．生物起源由来の試薬からのウイルス感染には，細胞培養に使用する牛血清由来の牛下痢症ウイルス（BVDV），牛白血病ウイルス（BLV）などがあげられます．

3 培養細胞で検出されるウイルスの例とその取り扱い

　世の中に非常に多くのウイルスが存在するなかで，がん細胞株の培養上清中にウイルス粒子が検出されることがあるものは，HTLVとEBVです．これ

らのウイルスは，バイオセーフティーレベル（BSL）2のウイルスで，各事業所で決められた，病原体安全管理規定に従って取り扱わなければなりません．ほとんどの事業所は，国立感染症研究所の規定に従っています．

BSL2に属するウイルスは，「人或いは動物に病原性を有するが，実験室職員，地域社会，家畜，環境等に対し，重大な災害とならないもの，実験室内で暴露されると重篤な感染を起こす可能性はあるが，有効な治療法，予防法があり，伝搬の可能性は低いもの」（国立感染症研究所『病原体等安全管理規定』より）とされています．

これらのウイルス産生細胞株は，ウイルス学，ウイルス病の病態や治療薬などの研究に大変重要な細胞株ですが，その梱包，輸送にはさまざまな制約があり，通常の細胞株より安全への配慮が要求されます．その細胞株自体の取り扱いにも，十分に注意が必要です．細胞バンクでは，これらのウイルス産生細胞株の分譲依頼がきたときには，ウイルス産生株であることを十分理解しているか，BSL2での取り扱いが可能な施設かどうかを必ず確認してから分譲しています．

コラム

BVDVが検出されない牛胎仔血清（FBS）はない？

BVDV（牛ウイルス性下痢ウイルス）はフラビウイルス科，ペスチウイルス属のRNAウイルスで，家畜牛に深刻な被害をもたらします．また，持続感染牛の存在も大きな問題です．現在では，家畜牛の被害を防ぐためほぼ全頭に生ワクチン接種が行われています．

細胞培養用に使われている牛胎仔血清（FBS）は，世界各国から入手され，品質検査の結果も添付されています．この品質管理項目のなかにBVDVも含まれ，抗体価の測定と，標的細胞への感染性を調べ，BVDV（−）とされているものがほとんどです．しかし，それらのFBSからRNAを抽出して，RT-PCRを行うと，BVDVウイルス特異的なバンドが検出されないものは皆無と言っていい状況です．

しかし，ヒトの細胞をそのような血清入りの培養液で培養しても，ウイルスが増えることはなく，BVDV（−）の血清に置き換えることにより，速やかに検出されなくなり，通常の細胞培養には大きな問題はないと考えられます．ただし，牛の細胞，ウサギの細胞はBVDVが増殖する可能性が高いので，BVDV（−）の血清を使用したほうがよいようです．

特に生物製剤などの調製には，BVDV（−）のFBSを使用する必要がありますが，完全なBVDV（−）FBSを生産するには，厳重な飼育管理のもとで牛を育てる必要があり，非常に貴重な血清となっています．そのような血清からは，RT-PCRでもBVDV特異的バンドは検出されませんでした．

表　JCRB細胞バンクが検査するウイルス

DNAウイルス	RNAウイルス
・サイトメガロウイルス（CMV） ・エプスタイン・バールウイルス（EBV） ・ヒトヘルペスウイルス6型/7型（HHV6/7） ・ヒトポリオーマウイルス（BKV，JCV） ・アデノウイルス（ADV） ・B型肝炎ウイルス（HBV） ・ヒトパルボウイルス（ParvoB19） ・ヒトパピローマウイルス（HPV18）	・A型/C型/D型/E型/G型肝炎ウイルス（HAV/HCV/HDV/HEV/HGV） ・ヒトT細胞白血病ウイルス（HTLV-1，HTLV-2） ・ヒト免疫不全ウイルス（HIV-1，HIV-2）

4 ウイルス産生細胞を培養するときの注意点

　ウイルス産生細胞株を培養する際には，バイオセーフティに関する教育訓練を受けた者が，リスクレベルにあった施法で手袋，マスク，白衣の着用はもちろんのこと，細胞の取り扱いは，安全キャビネット内で行い（**第1章-10参照**），アスピレーターでの吸引などによるエアロゾルの発生は極力避け，実験者がウイルスに暴露されることがないように，さらに，針刺し事故など起こらないように細心の注意をして取り扱う必要があります．また，リスク管理としては事故が起こってしまった場合の対処マニュアルをあらかじめ作成しておくことが大切になります．

細胞株のウイルス検出検査

　JCRB細胞バンクでは，世界に先駆けて2009年から，ヒト由来の細胞株を対象としたウイルススクリーニング検査を開始しました．実際の検査は，細胞株から抽出したゲノムDNAおよびトータルRNAを検査試料として，リアルタイムPCR（TaqManプローブ法）で行い，その検査結果を細胞情報として公開しています．検査対象ウイルスは，ヒトに持続感染を起こすウイルスのうち，DNAウイルス10種，RNAウイルス9種です（**表**）．

　これまでに検出されたウイルスはEBV，HHV6，HHV7，HBV，ParvoB19，HTLV-1，HPV18となっています．

(塩田節子)

細胞の声
コンタミは　細菌・真菌　だけじゃない
培養においては，細胞のウイルス感染リスクの理解と事故対策も必要です

第3章 細胞の特性解析はできますか？　Ⅹ 基本的な品質管理

4 培養細胞・ヒト試料からの感染リスクを理解していますか？

Case

常識度 ★☆☆☆☆　　危険度 ★★★★★

Sさんは，研究所で細胞培養を行う技術員です．Sさんの研究室では，エプスタイン・バー（EB）ウイルスを用いてヒト末梢血細胞の形質転換を行っているチームがあります．細胞培養にも慣れてきたSさんは，今年度からこのチームに参加することになり，チームリーダーからEBウイルスに関して説明を受けました．その説明のなかで，「年度の初めの健康診断で，EBウイルス抗体検査も可能です．まれにEBウイルスに未感染状態の方がいますので，検査結果によってはチーム内での仕事の分担を考えましょう．」と言われました．

キーワード ▶ ヒト感染性ウイルス，ウイルス検査

培養細胞で検出されるウイルス

培養細胞には，さまざまなウイルスが感染している可能性があります．**第3章-3**をご参照ください．

感染性ウイルスを取り扱う時の注意

Sさんの研究室では，EB（Epstein-Barr：EB）ウイルスを産生するマーモセット（キヌザル）由来B95-8細胞の培養上清からEBウイルスを回収し，ヒト末梢血細胞に感染させています．このCaseのように研究室内でヒトへ感染性のあるウイルスを使用する場合があります．

EBウイルスは，乳幼児期に大部分の人が感染しますが，思春期以後に初め

てEBウイルスに感染すると伝染性単核症になる可能性があります．チームリーダーは，実験開始前にEBウイルスが人へ感染することの説明を行うとともに，すでにEBウイルスに感染歴があるかの検査をすすめました．Sさんは自分の判断で検査を受け，すでにEBウイルスの抗体をもっていることがわかり，安心してこのチームで仕事をすることができました．

このように実験室で取り扱う試料（ヒト以外も含む）については，どのようなリスクがあるのか，どのように扱うのか，またそのリスクをどのように回避するかを考えておくことは重要です（第1章-15も参照）．

ヒト試料を取り扱う時の注意

ヒトの生体から採取した試料を取り扱う際にも注意が必要です．可能であれば，ウイルス検査などの有無を確認してください．ウイルス感染が陰性であっても未知なる感染症の可能性があります．ヒト試料を取り扱う際には，危険性があることを十分に認識し，安全キャビネットの使用（第1章-10参照），実験用手袋・実験用メガネ・マスクの着用など，十分な安全対策を講じることが必要です．

また，それらの試料の取り扱い・保管・廃棄などについては，事前に必ず所属機関の関係部署に相談しましょう．

コラム

自衛としての予防接種

ヒトの血液に直接触れる可能性がある医療従事者は，必要性と重要性を理解したうえで，本人の希望によりB型肝炎ウイルスのワクチン接種が可能です．
また，国立国際医療研究センター病院 国際感染症センター トラベルクリニック[1]では，海外渡航者の方々を対象として，渡航先，渡航期間，現地の生活環境に応じて推奨される予防接種を行っています．

細胞バンクでのウイルス検査

細胞バンクでは，手術後のがん組織から樹立した細胞が多数寄託されます．理研の細胞バンクでは，寄託申込時に手術前に行った右記の検査※の有無と結果のご記入をお願いしています（表）．

表　臨床サンプルの検査項目

HIV（human immunodeficiency virus）
HBV（human hepatitis type B virus）
HCV（human hepatitis type C virus）
HTLV-1（human T cell leukemia virus type-1）
梅毒
そのほかのウイルス

理研細胞バンクから提供しているヒト細胞は，そのすべてではありませんが，ウイルス検査を行っています．検査を実施する対象細胞および対象ウイルスには限りがありますし，検査を実施したとしても検査結果が偽陰性である可能性，未知なる感染症の可能性などを完全に払拭するのは不可能です．細胞を取り扱う際には，危険性があることを十分に認識しましょう．

（西條　薫）

細胞の声
ヒト試料　未知なる危険　想定を！
ヒト細胞はヒト感染性ウイルスをもつリスクをゼロにすることができません．危険という前提で向きあいましょう．

参考文献
1) 国立研究開発法人国立国際医療研究センター病院 国際感染症センター トラベルクリニック：http://www.travelclinic-ncgm.jp
2) 日本赤十字：http://www.jrc.or.jp/donation/information/detail_04/index.html

※参考：下記は日本赤十字の献血の病原体検査です[2]．
- 梅毒トレポネーマ検査
- B型肝炎ウイルス（HBV）検査
- C型肝炎ウイルス（HCV）検査
- エイズウイルス（HIV）検査
- ヒトT細胞白血病ウイルス-1型（HTLV-1）検査
- ヒトパルボウイルスB19検査：PV-B19抗原検査

第3章 細胞の特性解析はできますか？ X 基本的な品質管理

5 あなたの使っている細胞は本当に正しい細胞ですか？

Case

常識度 ★★☆☆☆　危険度 ★★★★★

とある大学のI先生から，新しく樹立されたヒト不死化肝臓細胞が細胞バンクに寄託されました．細胞バンクでは研究者が望む，将来売上ランキングトップになるだろうと思われる細胞に期待が膨らんでいました．しかし，品質管理検査を行ってみると，1976年に樹立された肺がん細胞と同じであることが判明しました．今までの公表論文などの成果は水の泡として消えてしまいました．

キーワード ▶ クロスコンタミネーション（細胞誤認），STR検査

なぜクロスコンタミネーションが起こるのか

　培養細胞は必要不可欠な研究ツールとして幅広い研究分野において利用されています．しかし，培養細胞を使用している研究者はその細胞の品質について無関心であることが多いため，「クロスコンタミネーション」が起こった細胞とは知らずに研究に利用していることがあるのです．

　「クロスコンタミネーション」とは，細胞と細胞の入れ替わりや置き換わりのことを言います．細菌や真菌のように目視によって汚染していることがわかるコンタミネーションと違い，混入した細胞によっては培養中に変化がないことがほとんどです．そのため，クロスコンタミネーションが見逃されていることが多く，クロスコンタミネーションを起こした細胞とは，気付かないで研究に使用していることがあります．

細胞クロスコンタミネーション（細胞誤認）

1 クロスコンタミネーションの原因は？

　最も多い原因の1つが培地やピペットなどの使い回しによると思われます．これを防ぐためには，培地，PBS，トリプシンなどは一度使い始めたら汚染されているものとし，たとえ残ったとしても別の細胞の培養では使用せずに捨てることでクロスコンタミネーションを回避することができます．そして，ピペットは培地を細胞に注ぐ際の飛沫により汚染するので，必ず培地を注ぐたびに新しいピペットと交換することが重要になります．

　またもう1つ多い原因として考えられるのは，保存した細胞の入れ替わりや，培養容器のラベルの間違い，研究者どうしで細胞をやり取りした際の入れ替わりなど，人為的なミスです．これらの入れ替わりを防ぐためには，細胞導入時や培養時に定期的に検査を行うことが重要となります．

2 クロスコンタミネーションの歴史

　今までにクロスコンタミネーションを起こしている細胞が数多く報告されています．特に報告が多いのはHeLa細胞とのクロスコンタミネーションです．

　1952年，HeLa細胞（ヒト子宮頸がん細胞）が樹立されて以来　次々とヒト由来の細胞が樹立されました．しかし，1978年には60種ほどのヒト細胞を調査したところ，24種がHeLa細胞のコンタミである可能性が高いと報告

コラム

あなたの側に潜むクロスコンタミ

JCRB細胞バンクに寄託された細胞にもクロスコンタミネーション認められることがあります．
このように細胞樹立者のような細胞の取り扱いが比較的上手いと考えられる研究者のもとでも，クロスコンタミは起こっているので，大学の研究室に代々受け継がれている細胞にはもっと高い頻度でクロスコンタミが起こっているのではないかと容易に考えられます．

2014年までの解析数とクロスコンタミネーション率

総解析数	クロスコンタミ細胞数	クロスコンタミ率
2,362	164	6.40%

ヒト由来以外の動物細胞であったものも25種ありました．

されています．したがってヒト細胞が樹立された当初から，細胞クロスコンタミネーションは起こっており，現在までに報告されているクロスコンタミネーション細胞は約430種にも及ぶことが明らかになっています．

3 クロスコンタミネーションの例

① HSG，HSY細胞（唾液腺がん由来細胞株）

これらの細胞は唾液腺がん由来の細胞として樹立されており，昔はシェーグレン症候群（唾液減少症）の薬効評価にも使用されていました．しかし，実はHeLa細胞であることが判明しています．したがって組織由来が異なる細胞を薬効評価に使用していたことになるのです．

② ECV304細胞（ヒト血管内皮由来細胞株）

ECV304細胞はヒト血管内皮由来細胞として樹立されましたが，1999年にヒト膀胱がん由来の細胞株T24であることが報告されました[1]．

しかし，この報告後もヒト血管内皮由来細胞株として使用した研究成果が継続的に発表されています．

細胞クロスコンタミネーションの検査方法

検査方法としてSTR（Short Tandem Repeat）解析が用いられています．ゲノム上に散在するSTRは2〜数個の短いDNA塩基の繰り返し配列で構成され，この繰り返し回数には個人差があります．この繰り返し回数を比較することによって個人識別ができ，複数カ所の繰り返し配列を解析することで識別能力が向上します．この方法は，犯罪捜査に広く使用されているDNA鑑定の1つです．

現在細胞バンクでは9カ所あるいは16カ所の解析を実施し，データを蓄積することでデータベースを構築しています[2]．したがって検査では，使用した細胞のSTRデータを取得し，データベースと照合することで検証できることになります．

HeLa（JCRB9004）の場合では，D5S818ローカスの繰り返し回数が11と12，D13S317ローカスの繰り返し回数は12と13.3，となっていることが確認できます（図1）．このようにD5S818，D13S317，D7S820，D16S539，vWA，TH01，AM，TPOX，CSF1POの9ローカスの繰り返し

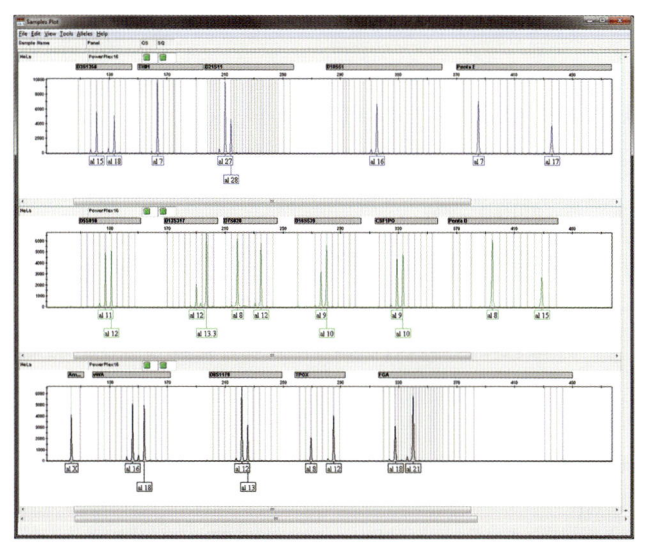

図1　HeLa（JCRB9004）のSTRを解析した時の解析結果

Cell No.	Cell Name	Lot/Exp No.	D5S818	D13S317	D7S820	D16S539	VWA	TH01	AM	TPOX	CSF1PO
JCRB9004	HeLa	071994	11,12	12,13.3	8,12	9,10	16,18	7	X	8,12	9,10

数値化・データベース作成

↓

データベース検索の実行

Cell No.	Cell Name	Lot/Exp No.	EV	Coincidental Peaks	D5S818	D13S317	D7S820	D16S539	VWA	TH01	AM	TPOX	CSF1PO
IFO50005	J-111	12	1.000	18	11,12	12,13.3	8,12	9,10	16,18	7	X	8,12	9,10
IFO50016	Chang Liver	328	1.000	18	11,12	12,13.3	8,12	9,10	16,18	7	X	8,12	9,10
JCRB0073	J-111	100698	1.000	18	11,12	12,13.3	8,12	9,10	16,18	7	X	8,12	9,10
JCRB0649	HeLa.P3	120597	1.000	18	11,12	12,13.3	8,12	9,10	16,18	7	X	8,12	9,10
JCRB1318	HeLa9903	08232008	1.000	18	11,12	12,13.3	8,12	9,10	16,18	7	X	8,12	9,10
JCRB9004	HeLa	071994	1.000	18	11,12	12,13.3	8,12	9,10	16,18	7	X	8,12	9,10
JCRB9027	KB	120398	1.000	18	11,12	12,13.3	8,12	9,10	16,18	7	X	8,12	9,10
JCRB9086	HeLa229	042887	1.000	18	11,12	12,13.3	8,12	9,10	16,18	7	X	8,12	9,10
RCB4470	KU-7	301-24	1.000	16	11,12	OL	8,12	9,10	16,18	7	X	8,12	9,10
RCB3682	HeLa S3	304-1	1.000	16			8,12	9,10	16,18	7	X	8,12	9,10

図2　STRデータベースを用いたクロスコンタミの検証

回数を数値化し，データベースに登録のある細胞と比較することにより細胞認証を行うことができるのです．

　実際にHeLa（JCRB9004）をデータベースに登録のある細胞と比較してみると，HeLaの亜株以外にもJ-111，Chang Liver，KBといった細胞とも一致していることがわかります（図2）．これらの細胞はHeLaと同一由来の

細胞であると判定できます．J-111，Chang Liver，KBはHeLaとクロスコンタミネーションを起こしているとしてすでに報告されている細胞で，そのような細胞は約100種類にものぼります．

（家村将士）

> **細胞の声**
> **細胞誤認　手遅れ前に　すぐ検査！**
> 蔓延するクロスコンタミ．
> ミスによる入れ替わり防止と，定期検査が大切です．

参考文献
1）Dirks WG, et al：In Vitro Cell Dev Biol Anim, 35：558-559, 1999
2）細胞認証データベース：http://jcrbcelldata.nibio.go.jp/str/

第3章 細胞の特性解析はできますか？　XI 特殊な特性解析

6 染色体が正常か異常かわからないまま培養していませんか？

Case

常識度 ★★☆☆☆　　危険度 ★☆☆☆☆

Hさんは細胞培養の基礎を習得し，細胞が順調に増えてきたところでその特徴を調べることになりました．細胞が正常であるのか，あるいは変化して正常とは異なる状態であるのかは，細胞を利用した解析の基礎情報として重要です．また，細胞の性別，由来する種を確認しておくことも必要でしょう．そこで染色体を調べることになりましたが，どのような解析をしたらよいのか見当がつきません．とりあえず，教科書などの標準的なプロトコールを参考にして染色体の標本を作製したところ，手本として掲載されている染色体の画像とは異なり，分裂像の頻度が少ないうえ，重なった染色体が多く，解析するのが大変という状態になってしまいました．

キーワード ▶ 染色体解析，シングルセル解析，低張液処理

染色体解析の種類 ～多様な解析方法～

疾患細胞では染色体レベルにおける異常が検出され，病態と密接に関連していることがあり，染色体解析（図）は先天異常や造血器腫瘍の診断など臨床の現場においても利用されています．また，染色体構成は種によって異なり，種を特徴づける１つの指標にもなり

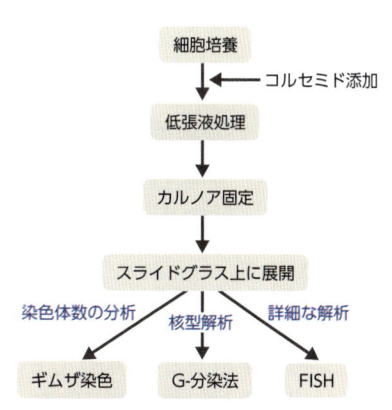

図　染色体標本作製の流れと主要な解析方法

細胞培養 → （コルセミド添加）→ 低張液処理 → カルノア固定 → スライドグラス上に展開
- 染色体数の分析：ギムザ染色
- 核型解析：G-分染法
- 詳細な解析：FISH

ます．染色体レベルにおける構造の変化が細胞の機能に与える影響は大きく，染色体を調べることにより網羅的にゲノムの状態を捉えることは重要です．

染色体数を調べる場合，ギムザ染色した染色体標本を明視野の顕微鏡にて観察します．正常な本数と比較

表　染色体数とゲノム構成の種間比較

動物種名	本数	ゲノムサイズ (Gb)	GC含量 (%)
ヒト	46	3.15	41.0
ツチブタ	20	4.13	39.5
アフリカゾウ	56	4.01	38.9
イヌ	78	2.71	41.2
ニワトリ	78	1.15	45.2
ナイルワニ	32	1.29	49.2
アカミミガメ	50	1.21	47.4
ゼブラフィッシュ	50	1.45	

文献1より引用．

することにより，大きなゲノムの変化を捉えることができます．染色体数が一律ではなくバラつきが見られる場合には，不均一な細胞集団から構成されていることが反映されています．染色体の形態とバンドパターンにもとづいた情報は「核型」とよばれます．染色体標本をトリプシン処理後にギムザ染色するG-分染法による核型解析により，染色体異常を特定するとともに，数的変化のない異常も識別できます．異種間において染色体数が同じであっても核型は種ごとに特異的であり，ゲノムサイズとGC含量が異なることに裏付けられます（**表**）．性別判定は核型において性染色体を特定することにより可能ですが，性染色体特異的なDNAプローブを用いたFISH法で判定することもできます．異常な染色体が少ない場合にはG-分染法による核型解析で構造変化を特定することができますが，複雑な場合にはすべての染色体を同時

コラム1

些細なことが重要　〜低張液の効果を十分引き出すために〜

低張液処理は浸透圧を利用して細胞を膨らますという反応になり，細胞浮遊液を展開する段階における染色体の"広がり"に大きく影響します．時間と温度の条件はさまざまですが，回収した細胞のサンプルを遠心後，低張液を加える前に，完全に上清を除去しておく必要があります．ギリギリまで上清を除去できない場合には，チューブを逆さまにしてペーパータオルにおくと培養液の持ち越しを防ぐことができます．さらに，すべての細胞に一様に低張液が行き届くようにするには，細胞の沈渣をしっかりほぐしておくことがポイントです．低張液を加える前にタッピングをしたり，最初に少量の低張液を加えて細胞を完全にバラバラにしておくことにより，確実に低張液処理をすることができます．

に識別できるプローブによるM-FISH法を利用して詳細な解析が可能になります．また，シークエンスまたはマイクロアレイを用いた解析により，染色体の微細な変化を特定してデジタル化することもできます．

染色体の標本を作製する意義
～視覚的に細胞の個性を捉えるために～

　染色体標本を必要としないシークエンスまたはマイクロアレイによる解析は，特殊な機器と高価な試薬が必要になり，抽出したゲノムDNAを材料としてチューブの液体の中で反応した結果を間接的に捉えて解析しているため，対象となるDNAを見ることはありません．一方，染色体の標本作製を通じた基本的な解析では，特殊な機器・試薬を必要としない点において汎用性が高く，誰もが試すことができるでしょう．さらに，異なる細胞集団が混在したサンプルの解析においても，個々の細胞における染色体の相違を明確に識別できることが大きな特徴になります．特にがん組織は複数の細胞集団から形成されていることが多く，たとえクローニングされた細胞を培養していても，培養の経過とともに複数の核型が検出されることがあります．染色体標本を作製した解析を通じて細胞の構成を正確に捉えることは，染色体レベルにおけるシングルセルの解析に相当します．

コラム2
準備OKですか？ ～きれいな標本をつくるために～

染色体解析では，結果を染色体の画像として示すことが可能であり，その画像が解析の質を反映していると捉えても過言ではありません．つまり，美しい染色体像を提示することが，質の高い解析であるという説得力になります．染色体標本の質は，作製した染色体サンプルの質に依存することはもちろんですが，スライドグラスの状態にも大きく左右されます．多くのスライドグラスは洗浄済みになっていますが，染色体標本作製に最適な状態の製品はみられず，各自においてしっかり洗って十分クリーンなスライドグラスを用意する必要があります．事前準備に手間をかけることは慎重に作製した貴重なサンプルを最大限活用するための，重要なステップです．

最初が肝心
～染色体分裂像の多い標本を作製するために～

　染色体解析の対象は，細胞分裂の中期に形成されるDNAが凝縮した構造体です．つまり，染色体を観察できる「タイミング」があり，細胞が増殖していることが前提になります．細胞がコンフルエントの状態ではほとんど増殖していませんが，継代することにより細胞の増殖が盛んになります．染色体標本の作製は分裂の頻度を重視するので，継代した翌日または翌々日が最適です．

　染色体標本を作製するための継代は，単に細胞を増やす場合とは大きく異なることがポイントです．接着細胞がコンフルエントになった状態を100％と見なした場合，1～2日後に30～60％の状態になるように継代をすると分裂頻度が高い染色体標本を作製することができます．細胞が増殖する状態に大きく依存しますが，継代の時に希釈する割合としては2～20倍程度になります．細胞の量に余裕がある場合には，継代するときに異なる細胞の密度で複数のサンプルを用意します．翌日・翌々日に細胞の増殖の状態を顕微鏡で観察して，丸くなっている細胞が多くみられるサンプルを選択して染色体標本を作製すると，より確実に質の高い染色体標本を作製することができます．一方，分裂頻度が低い場合には，コルセミドの条件を変えることにより分裂頻度を高めることができ，濃度よりも時間を変えることが有効です．複数のサンプルが用意できれば，同じ濃度で異なる処理時間を設定します．分裂頻度を高めることは，質の高い染色体標本の作製を導き，材料がしっかりしていればいかなる解析においても効率が高まることは間違いないはずです．

毎回異なる条件設定
～染色体が重ならないように～

　スライドグラスに細胞浮遊液を展開する段階では，温度・湿度・風に影響を受けやすく，環境を考慮する必要があります．温度を調節するためにホットプレート（37℃）を利用したり，湿度はペーパータオルを湿らせたり，加湿器・ウォーターバスを利用することによって調整しましょう．特に，この段階では，過去に同一検体において最適であった条件が必ずしも常に適用できるとは限りません．サンプルが十分量あれば条件を変えて標本を作製し，

多数の標本のなかから染色体が適度に展開して，重なりが少なく，細胞質の残存が少ない標本を選んで解析に利用しましょう．染色体解析の材料は生きた細胞を起点としているため，標本作製ではサンプルによって条件が変わる要素が多く，物質としてのDNAを解析する場合とは大きく異なります．標本を作製するためのキットは存在せず，機械に依存しない多くのステップがあり，万能なプロトコールは存在しないため，各実験者においてベストなコンディションを見つける必要があります．

盲点
～分裂像と間期核における異常の頻度は異なる～

がんの臨床検体の多くは，腫瘍細胞とともに正常細胞が混在した状態になっています．分裂像における異常な細胞の頻度は分裂中期の時点に限定された状況で，正常細胞と腫瘍細胞において細胞分裂能が異なるとともに，分裂に要する時間に差があるため，標本作製時におけるコルセミドの処理時間にも左右されます．組織全体における異常な細胞の頻度を正確に評価するためには，間期核においてFISH法による解析を行うことが有効です[2]※．

（笠井文生／平山知子）

細胞の声
染色体　見てこそわかる　こともある
染色体標本作製は機器への依存が低くテクニックが必要ですが，その解析はシークエンスやアレイとは違う武器になります．

参考文献
1) Kasai F, et al.：Genomics, 102：468-471, 2013
2) 保坂利江 他：医学検査, 59：1208-1214, 2010

※：染色体解析全般の詳細なプロトコールは『遺伝子・染色体検査学』（奈良信雄／編），医歯薬出版，1999 も参照．

第3章 細胞の特性解析はできますか？　XI 特殊な特性解析

7 培養はOK……では発現解析の準備はできていますか？

Case

常識度 ★★★☆☆　危険度 ★★☆☆☆

大学院生のIさんは，自分の研究室で新しくマウスの脳からクローニングされた遺伝子Xについて研究を進めていました．指導教官から，その遺伝子Xがどの組織で発現しているかについて解析する指示を受けました．そこでIさんは，オートクレーブ滅菌したチップ，マイクロチューブ，RNaseフリーの試薬を用いて，まずは8つのマウスの組織と特性の明らかないくつかの細胞株からRNA抽出を行い，RT-PCR法で遺伝子Xの発現を確認するための実験を行いました．しかしながら，脳を含めたどの組織・細胞株においても遺伝子Xの発現が確認できませんでした．

キーワード ▶ 発現解析

RNAの取り扱いは慎重に……

　RNAは非常に分解されやすく，扱いが難しいとされています．実際にRNAを使った実験を行う場合にはRNaseの混入がないように注意していると思います．マスクやゴム手袋は実験者の唾液や汗に含まれるRNaseの混入を防ぐために必要です．また，使用するマイクロピペットはRNA実験専用にし，RNA分解の原因となる机の上のほこりもきれいに掃除しなければなりません．今回のCaseで遺伝子Xの発現確認ができなかった原因は，オートクレーブ滅菌したチップやマイクロチューブを使用したことでした．

"なんでもオートクレーブ"の危険

　Iさんはこれまで培養用器具類はオートクレーブして用いていたので，RNA抽出に用いるチップやマイクロチューブもオートクレーブ滅菌してしまいました．また，滅菌をするから大丈夫だと思って素手でチップやマイクロチューブを取り扱い，その際に付着したRNaseはオートクレーブ滅菌しても失活することなく，実験に影響したことが第一に考えられます．また，オートクレーブの庫内に充満する水蒸気にはRNaseが混入しています．RNA抽出に用いるチップやチューブはRNaseフリーのものを購入して，オートクレーブ滅菌することなく使わなくてはいけません．

特定遺伝子の発現解析とは？

　Iさんが行おうとしていた発現解析とは，細胞の個性を知る1つの手法です．細胞の個性は，細胞の形や機能の担い手となるタンパク質によって生み出されます．タンパク質の発現の違いを見て細胞の個性を明らかにするのが発現解析です．

　mRNAの発現の違いもまた細胞の個性を知る情報になります．mRNAはDNAからタンパク質が形成されるまでの中間体だからです．たとえば，血液，神経，筋肉などの細胞は全く同じDNAをもっていますが，mRNAの読み出され方がそれぞれの細胞で異なります．そして，異なるmRNAは異なるタンパク質をつくり，細胞の特徴を形成しています．このように，mRNAとタンパク質の発現を見ることが細胞の特性を知る重要な手がかりになります．

mRNAの発現解析

　mRNAの発現解析にはさまざまな方法があります（表）．mRNA解析の最大のメリットは解析のツールを自分で比較的容易につくれることにあります．ノーザンブロット法では標的遺伝子のmRNAに対する相補的なDNAプローブが必要となりますが，標的遺伝子が発現している細胞／組織からPCR法によって作製することができます．また，RT-PCRやqPCRではPCR増幅用のプライマーを設計し，発注しますが，その翌日には手に入るでしょう．

表　発現解析手法の種類とそのメリットとデメリット

	mRNA			タンパク質		
	ノーザンブロット法	RT PCR	qPCR	ウエスタンブロット法	免疫組織染色法	フローサイトメトリー法
細胞数	10^7	10^4	1〜	10^6	1〜	1,000〜
感度	○	◎	◎	△	◎	◎
手間	☆☆	☆	☆	☆☆	☆	☆
デメリット	・操作が煩雑 ・時間がかかる	・PCRのサイクル数の条件検討が必要	・試薬が比較的高価	・抗体に当たり外れがある	・バックグラウンドの判別が難しい	・機材が高価 ・抗体が少ない
メリット	・増幅によるバイアスがない ・mRNAのサイズがわかる	・感度が良い ・比較的安価	・極少量のサンプルでも検出可能 ・定量が容易	・細胞シグナル伝達分子の検出に適する ・抗体の種類が多い	・発現情報に加えて細胞／組織内位置情報が得られる	・Single cellでの解析が可能 ・定量解析に優れる ・極少量サンプルでも検出可能

1 ノーザンブロット法

　mRNAに対する相補的な標識DNAプローブを用いて標的mRNAを検出します．組織や細胞から回収されたmRNAを直接検出するため，増幅による人工的なバイアスがかかりにくいと言われています．逆に増幅を行わないことから，比較的多い細胞数を必要とします．一方，用いる器材や試薬などを超純水や0.1％ DEPC水できれいに洗浄してRNaseによるRNAの分解を防がなければならず，操作が煩雑でPCR法に比べてステップも多く時間もかかります．

2 RT-PCR法

　RT-PCR法はRNAから逆転写（Reverse Transcription）したcDNAをPCR法により増幅し，その増幅産物の量比により帰納的にmRNA量を測定します．PCR増幅により，ごくわずかなDNAも増幅できるため，検出感度が非常に高く，用いる細胞数も少なくて済みます．また，操作が簡便で，実験結果も早く得られます．一方，PCR増幅回数を多く設定しすぎると，遺伝子発現の高いサンプルで先に酵素や核酸が枯渇するために増幅が止まり，遺伝子発現の少ないサンプルでは増幅が続くため群間の差が無くなってしまうことがあるので注意が必要です．

3 qPCR法

　RT-PCR法と原理は同じですが，SYBR® GreenやTaqMan® プローブなどでPCR増幅をリアルタイムに視認できることが特徴です．このため，適切な増幅領域での比較ができ，PCR増幅を高く設定しすぎるといったRT-PCRでの失敗を回避できます．また，サンプルの段階希釈によってPCR効率が求められ，mRNAの発現比をRT-RCRに較べてより正確に算出できます．

タンパク質の発現解析

　タンパク質の発現解析にも色々な方法があります（表）．これらの手法はタンパク質の高次構造やアミノ酸配列を認識する抗体を用います．抗体の可変部位はそれぞれのタンパク質に対して固有の形をもっているため，特定のタンパク質を効率的に認識します．一方，抗体とタンパク質の結合力は抗体の性質によってまちまちなので，よい抗体を選ぶ必要があります．具体的には，抗体の特性をWebなどでよく確認することや，論文に用いられた実績のある抗体を選ぶことが大切になります．

1 ウエスタンブロット法

　高次構造をもつタンパク質を陰イオン界面活性剤であるSDS（Sodium Dodecyl Sulfate）でポリペプチド鎖にし，電気泳動でタンパク質の分子量ごとに分けた後，抗体を用いてタンパク質を検出します．非常に多くのタンパク質に対する抗体が利用できるので，細胞質，核，細胞膜など多様なタンパク質の解析が行えます．また，タンパク質の修飾（リン酸化／ユビキチン化など）構造を認識できる抗体があり，その詳細な解析にも用いられます．

2 免疫組織染色法

　スライドグラス上で固定した細胞に対して抗体を反応させるため，タンパク質の発現と細胞の形態情報をあわせて解析できるのが特徴です．細胞表面上の分子局在や，核／オルガネラなどと対象のタンパク質の位置関係を解析できます．一方，抗体は特定のタンパク質を認識しますが，調製法によってサンプルにところかまわずペタペタと抗体が結合してしまうことがあります．そこで，特定のタンパク質と結合しないアイソタイプ抗体を用いて，そこか

ら得た非特異的なシグナルと比較することにより，目的のシグナルが正しいかを判別する必要があります．

3 フローサイトメトリー法

　この手法は，細胞を計数しながら，個々の細胞のタンパク質の発現を解析できます．1細胞単位の発現情報を取得できるので，標的タンパク質を発現している細胞数やその割合がわかります．レーザーを当てて蛍光を検出するので感度が非常に高く，発現の低いタンパク質も検出できます．細胞表面のタンパク質に対する抗体の種類は豊富なので，十分な解析を行うことができますが，細胞質や核タンパク質に対する抗体の種類は少ないので，これらの解析に不向きです．

発現解析の選び方

　細胞の個性を学ぶには，mRNAとタンパク質を解析するということはわかりましたが，どちらをどのようにして選ぶでしょうか？ mRNAの発現解析では，PCR増幅法を用いるために非常に少ない細胞で発現解析ができ，また複数の遺伝子を標的とする場合に適しています．一方，タンパク質の発現解析は抗体を用いるため，その遺伝子産物に対する抗体がない場合に利用できません．また複数の抗体を同時に用いるのは仕組み上困難です．つまり，複数の遺伝子の発現解析をしたい場合はmRNAの解析，1つの遺伝子を詳細に解析していく場合にタンパク質の解析を選びます．

（田澤隆治）

細胞の声

育てたら　個性を知りたい　親心

細胞を培養するからには，その後の解析を視野に
適切な実験計画を立てましょう．

第3章 細胞の特性解析はできますか？　XI 特殊な特性解析

8 分化誘導実験，定期的にストックに立ち返っていますか？

Case

常識度 ★★☆☆☆　　危険度 ★★★☆☆

F君はヒトiPS細胞から心筋細胞を誘導する研究を行っています．ヒトiPS細胞の培養にも慣れ，細胞を増やしては分化誘導の実験に使用しています．分化誘導系を整え始めた時はコンスタントに拍動する心筋細胞を誘導することができていましたが，培養を続けて3カ月ほど経った最近では，以前と同じように分化誘導を行ってもほとんど心筋に分化する細胞がみられません．この3カ月間，うまく行っていた実験条件を変えないように，ずっと同じヒトiPS細胞を使って実験しているのに，分化誘導は以前と同じようにはいかず，戸惑ってしまいました．

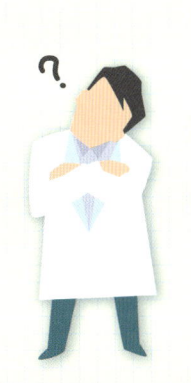

キーワード ▶ ES/iPS細胞，分化能解析，未分化性確認

条件は同じはずなのに……？

　ずっと同じ細胞を使い，同じ条件で実験を続けているのに，なぜか以前ほど分化誘導が上手くいかなくなる……．細胞の分化誘導実験ではよく陥りがちなトラブルです．実験条件も同じ，使っている細胞も長期間ずっと同じ，変わっているものは何もないはずなのに，なぜうまく再現性がとれないのでしょうか？ 実はCaseの文章の中に，培養細胞の性質上，矛盾した表現が隠されています．「使っている細胞も長期間ずっと同じ」=「変わっているものは何もない」と判断していますが，これが大きな誤解の元です．細胞は分裂して増殖し，継代培養を重ねて培養を続ける間に，細胞の性質が変わってしまうことがままあるのです（第2章-1参照）．

今回の場合，培養を続けるうちに，心筋細胞に分化しにくくなるようにヒトiPS細胞の性質が変化してしまった可能性があります．そのため，分化実験をセットアップするときは培養中に細胞の分化能が変わってしまう可能性も見越して，分化能に問題がないことを確認した細胞を十分量ストックしておき，定期的にストックを起こしなおして実験に用いることが望まれます．ストックした細胞に分化能がなかった場合，分化誘導実験に用いることはできず，ストックの意味はなくなってしまいますので，ストック作製後，抜き取り検査を行い分化能をきちんとチェックしておくことが必要です．

未分化性の確認方法

　ES細胞やiPS細胞を分化誘導実験に用いるためにストックする場合，分化誘導後に目的の細胞を形成する能力があることを調べるとともに，ストックしているES/iPS細胞自体が未分化性を維持していることを確認しておくことが望まれます．これらの未分化性のチェックによく用いられている評価方法として，①アルカリホスファターゼ活性，②未分化特異的な遺伝子発現（Oct3/4，Nanogなど），③未分化特異的表面抗原（SSEA，TRA-1など，ヒトとマウスなど，動物の種類によって発現パターンが異なる）がよく用い

コラム

分化は段階的に

多能性幹細胞（ES/iPS細胞）の未分化性や分化能を解析するのに，特異的な転写因子の発現や，表面抗原の発現パターンなど，さまざまな未分化マーカーや分化マーカーが利用されています．細胞の未分化状態を白，完全に分化した状態を黒として例えると，細胞の分化はある瞬間に突然，真っ白から真っ黒に切り替わるわけではなく，細胞分裂や細胞融合（例：筋細胞）などをともないながら，白～灰色～黒となるように段階を踏みながら変化していきます．これは未分化マーカーや分化マーカーとして知られているものが，それぞれ真っ白と真っ黒の段階だけのマーカーから成り立っているのではなく，ある未分化マーカーは真っ白段階，別の未分化マーカーは真っ白～薄い灰色までの段階を示すというように，それぞれのマーカーが厳密には異なる幅をもっていることを示します．未分化性や分化能の解析にマーカー遺伝子の発現を利用する場合は，用いるマーカーが，実際にはどれくらいの幅を表しているのかよく理解して適切に使い分けることが，細胞の分化研究を行ううえで非常に重要です．

られています．使用する由来動物の種類に応じて最適な方法を選択する必要があります．また，これらの未分化マーカーをチェックすることも重要ですが，十分経験を積んだ研究者にとっては案外，培養時の細胞形態が，未分化性を維持しているかどうかを判断する有効な材料になります．

分化能の解析方法

　分化能があるかどうか解析する方法は，分化させたい目的の細胞種によって大きく異なります．特に in vitro で特定の細胞に分化誘導する方法についてはさまざまな方法が試みられており，統一された方法が一律に利用されている状況にはありません．そのため，古くから用いられている方法として，免疫不全マウスの皮下や精巣に未分化細胞を移植して，さまざまな組織構造を呈する奇形腫（テラトーマ）を形成させ，奇形腫に含まれる組織を解析するテラトーマ形成法があります．解析したテラトーマの内部構造に，外胚葉（皮膚組織，神経組織，色素上皮など），中胚葉（筋肉組織，軟骨組織など），内胚葉（腸管様組織，各種腺組織など）の3胚葉すべての構造を含んでいた場合，移植した細胞は全能性をもっていると推定できます．

（藤岡　剛）

―― 細胞の声 ――
幹細胞　失われゆく　分化能
身近になった多能性幹細胞ですが，通常の細胞とは扱いが違うことを理解し，常に質をチェックしましょう．

第3章 細胞の特性解析はできますか？ XI 特殊な特性解析

9 生体から取り出した細胞の性質が培養中も保たれていると思っていませんか？

Case

常識度 ★★☆☆☆　危険度 ★★★★☆

卒研生のK君は，卒業研究として「正常細胞には全く影響を与えないが悪性腫瘍にだけ増殖抑制効果のある新規化合物を探す」研究を行うことになりました．はじめに培養細胞を用いてスクリーニングを行うことにしたK君は，指導教官から肺由来線維芽細胞と複数の大腸がん由来の細胞株をもらって培養を開始しました．K君は，培養中の線維芽細胞と大腸がん細胞株に次々と新規化合物を添加していき，すべての大腸がん細胞株の増殖だけを強く抑制することができる化合物を見つけることに成功しました．喜んだK君は，*in vitro*での実験に使用したすべての大腸がん細胞株をそれぞれ免疫不全マウスに移植して腫瘍のモデルマウスを作製し，化合物が*in vivo*においても腫瘍抑制効果をもつかどうか確かめる実験を行いました．当然，K君はすべての大腸がんモデルマウスにおいて腫瘍抑制効果が現れると考えていましたが，残念ながら1つの大腸がん細胞株のモデルマウスを除いて腫瘍が小さくなったモデルマウスはいませんでした．

キーワード ▶ *in vivo* での再現性，性質の変化

in vitro での培養環境は生体内とは全く異なる

培養細胞を研究に用いる最大の利点は，正しく培養を行えば半永久的に同じ性質をもった細胞を使用することができる点にあると言えます．一方で，体外で培養された細胞は生体内にいた時の性質をどの程度残しているのかに

ついて，常に留意しておく必要があります．たとえば，生体組織から細胞を分離・培養する際に，ウシ血清やウシ血清アルブミンなどの動物由来成分を培養系に添加することがよくありますが，ヒトの体内にウシの血清は存在するでしょうか？ また，プラスチックの培養容器に播種された場合のように，上下に細胞が存在しない単層の状態で維持されている生体組織はあるでしょうか？ 生体内に存在する細胞はお互いに協調し合いながら機能していますが，体外において生体内の環境を完全に再現することはほぼ不可能だと考えられます．体外での細胞培養系は生体から取り出した細胞が増殖することを支持するための条件は満たしているかもしれませんが，培養される細胞の機能や性質を完全に維持するための条件は満たしているわけではない，と考えるのがよいのではないでしょうか．そのため，細胞は生体外において培養され始めた（あるいは生体内から取り出された）瞬間から，生体内に存在している時とは比べものにならないほどのストレスを受けることになる，ということを理解しておく必要があります．

生体外での培養によって起きうる細胞の変化

　ストレスを受けながら培養された細胞にはどのような変化が起きるのでしょうか．これは細胞の種類や，培養に用いる培地や添加物などによってさまざまであると思われますが，たとえば，色々な種類の細胞をつくり出す能力（多分化能）を失ってしまう，ある酵素の活性が極端に低くなってしまう，サイトカインの産生能がなくなる，など本来その細胞がもっているはずの能力が失われる現象が知られています．また逆に，生体内においては確認されていなかった分化能が現れる，ある特定の物質を代謝する能力だけが突出して高くなる，細胞分裂に関する遺伝子群の発現が高くなる，など明らかに生体内に存在する時とは異なる能力や性質が培養の間に付与されるようなこともあります．

　もっとも極端な例としてあげられるのは，本来有限寿命であるはずの正常体細胞が培養中に不死化される現象ではないかと思います．がん化していない正常な体細胞には寿命（分裂限界）が存在しますので，多くの場合，生体内から取り出して培養するとしだいに増殖速度が低下していき最終的には分

裂が完全に止まります（第2章-11参照）．しかし，まれに分裂限界に達した（分裂を停止した）状態の細胞が再び増殖を開始することがあります．ヒト由来の細胞ではこのような現象が起きることはそれほど多くありませんが，マウスやラットなどの細胞を培養しているとよく見かけます．生体外で培養された細胞は正常細胞，がん細胞にかかわらず生体内に存在していた時と比べてなんらかの変化がある可能性を，常に考慮して使用する必要があります．

培養細胞を使用して得られた結果を生体内で評価する

　培養細胞を使用して研究を行う目的はいくつも考えられますが，たとえば，ある特定の転写因子の下流に存在する分子の解析など，細胞内における解析だけで完結するような研究の場合には，ここまでで述べたような性質の変化についてそれほど神経質になる必要はないかもしれません．しかし，培養細胞を生体の一部のモデルとして使用する場合や薬剤などのスクリーニングに使用する場合には注意が必要です．

１ 生体内と培養系中とで性質の異なる細胞がいる可能性がある

　再度強調しますが，培養系は生体内とは明らかに異なる環境です．そのため，培養細胞ではその細胞が本来もっているはずの性質が失われてしまったり，新たな機能が付与されてしまったりすることが少なからずあります．しかし，このような状態の培養細胞を生体内に戻す（移植する）と，周囲の細胞と協調することによって本来の性質を一部取り戻したり，培養系の中では見られなかった性質が現れたりすることがあります．K君が使用した大腸がん細胞株のなかにもそのような細胞が存在していたのかもしれません．

２ 化合物が効く細胞と効かない細胞が混ざっている可能性がある

　上記の１と似ているようですが，細胞の性質変化ではない点で大きく異なります．多くの場合，がん細胞株として入手可能な培養細胞はヘテロな（均一ではない）細胞集団です．たとえば，Li-7という肝がんに由来する細胞株は，細胞表面抗原の発現パターンなどの解析から，分化段階の異なると思われる3つの細胞集団が混在していることが最近明らかになりました[1]．分化段階が異なるということはそれぞれの細胞集団が異なる性質をもっている可能性があるということです．Li-7に限らずクローニングされていない細胞株

や不死化されていないプライマリー細胞を扱う際には，使用している細胞がヘテロな集団である可能性を常に考慮しておく必要があります．

3 同じ組織に由来する細胞でも異なる性質をもっている可能性がある

同じ組織に由来する細胞であっても，分離・培養された細胞の性質が同じであるとは限らないことは第2章-12に記載の通りです．たとえば，胃がんに由来するAという細胞株があったとします．細胞株Aを用いて得られた実験の結果が，細胞株Aに特異的なものなのか，それとも胃がんに由来するそのほかの細胞株にも共通したものなのかを検討する必要があります．これは，がんに由来する細胞株に限らず不死化していないプライマリー細胞にも当てはまります．

このように培養細胞を用いて得られた実験結果を評価する際にはさまざまな角度から慎重に検討することが非常に重要です．

（須藤和寛）

細胞の声
培養は　細胞にとって　海外留学

海外（今までとは全く異なった環境）での生活を経験すると多くの人は多かれ少なかれなんらかの影響を受け，なかには性格や考え方などが大きく変化してしまう人もいます．細胞も同じように培養を経験することによってさまざまな影響を受け，性質や見た目などに変化が起きることがあることを常に考慮しておきましょう．

参考文献
1）Yamada T, et al：BMC Cancer, 15：260, 2015

第3章 細胞の特性解析はできますか？　XII 細胞の独自性と信頼性

10 「細胞の名前は その細胞固有のもの」と信じていませんか？

Case

常識度 ★★☆☆☆　　危険度 ★★★★★

ポスドクのHさんはある論文で使われている細胞株を自分の研究に使いたいと思ったのですが，論文には入手先などの詳しい情報はなく，どこから入手可能かを調べていました．そこで細胞名をキーワードにして検索すると，ある細胞バンクで提供していることがわかり，購入手続きをして細胞を入手しました．Hさんはまず自分の実験に取りかかる前に，とりあえず論文の再現実験を試みました．ところが，何度繰り返しても論文と同様の結果が得られません．このままでは自分の実験には使えないと思い，細胞バンクに問い合わせました．すると，Hさんが論文で見つけた細胞と細胞バンクに登録されている細胞は，偶然にも同じ名前の全く異なる細胞であるということが判明しました……．

キーワード ▶ 細胞名，細胞バンク，取り違い

細胞株の命名と細胞株使用時に注意すべきこと！

　新たに樹立した細胞株に名前を付ける場合，特に従わなければならない規則はありません．個々の樹立者が自由に命名することができます．しかし，決まりがないのでCaseのような間違いが起こる可能性があります．現在，こうした取り違いを防ぐために，論文誌を発行する側から論文中で使用した実験材料の由来などを明確にすることが求められるようになってきています．また，新しく樹立されたものについては予めバンクに登録するように求められたりします．またその際，バンク側もすでに登録されている細胞と名前が

一致しないかなどの確認を行っています．

　しかし，これらの体制は最近ようやく確立しつつある状況でまだ完全ではありません．したがって，新しい細胞株の命名の際は，自力で事前によく調べることが重要になってきます．たとえば，新規に細胞を樹立して名前を付ける場合，まず，①細胞バンクなどにすでに登録されたものではないか，②論文検索などを行い，付けようとしている名前がすでにどこかで使用されていないか，などを確認することが必要です．

　一方，ユーザーの立場からすると，バンクなどに登録されている細胞であれば，①細胞の情報（由来する動物種，組織，細胞の性状・形態）や参考文献を参照する，②論文検索などで他に同じ名前の細胞株が複数ないかどうかを確認する，といった自衛策が求められます．もし，バンクに登録されていなければ，論文著者に直接連絡して細胞を分譲してもらうことが最も確実な入手方法であると思います．

コラム

細胞命名は研究者センス

本文でも述べたように細胞の命名には決まりがありません．一般的に多い命名法は由来する組織や細胞の種類を示したり，樹立した研究機関の名前が付けられたり，樹立者名が名前に入ることもしばしばです．一方で，親しみやすさを重視した名前や，機知に富んだ名前を付けることもよくあります．ちなみにこれを読んでいる方でiPSを知らないという人はいないと思いますが，iPSという名前は細胞の特徴を表した言葉の頭文字（induced Pluripotent Stem）です．しかし，なぜ最初の文字が小文字なのかと疑問に感じた人も多いと思います．これは樹立者である京都大学の山中伸弥先生がiPS細胞を命名する際，当時大流行していたアップル社のiPodを参考にしたからだそうです．このようにiPS細胞の命名には研究者の思いと洒落っ気が込められているのです．私自身も細胞株を樹立し命名した経験があります．その1つにMEDMC（マウス肥満細胞株）があるのですが，なんと読めばよいかわからないですよね……．もし，ご自分が細胞株を樹立して命名する権利を得たら山中先生のような洒落っ気も名前に込められると「センスあるね」と評価されるかもしれません．

細胞株には亜株が存在するものもある！

　同じ名前・由来の細胞株と言えども，なかにはいくつもの異なるクローンや亜株（もともとの細胞とは異なる性質をもつようになった細胞）が存在するものもあるので注意が必要です．これは細胞の命名とは直接関係ないのですが，ユーザーの観点からするととても重要です．亜株が存在する代表例としては子宮頸がん由来のHeLa細胞があります．オリジナルのHeLa細胞は接着細胞ですが亜株のHeLa・S3は浮遊状態でも培養できる性質があります．また，HeLa・P3は無血清，無タンパク，無脂質培地に適応した亜株です．

　加えてもう1つ重要なことは，完全に同一の細胞名でも入手経路によって性質が違いうるという事実です．これは培養履歴，つまり寄託者がどのような経路で細胞を入手し，培養してきたのかによって異なるからです．しかし，培養履歴すべてを把握することは不可能であるため，我々のバンクでは寄託者が異なる場合には同じ細胞としては扱わずに個々の細胞として取り扱っています．このような細胞の代表例としてはHeLa，K562，Ba/F3細胞などが挙げられます．したがって，ユーザーはこれらのことをよく把握したうえで，自分に必要な細胞を選ばなければなりません．

（寛山　隆）

細胞の声
命名は　産みの親の責任！　ルールなし
細胞を登録する時も探す時も
同姓同名がいないかしっかり確認しましょう．

第3章 細胞の特性解析はできますか？　XII 細胞の独自性と信頼性

11 論文投稿規定を満たせる細胞品質管理ができていますか？

Case

常識度 ★★★☆☆　危険度 ★★★★☆

大学院生のK君は，研究成果をいよいよ論文投稿しました．ところが論文審査員から「使用した細胞に関する品質管理情報を論文に記載するように！」と求められ，使った細胞の検査を実施しました．ところがその検査によって，使っていた細胞がマイコプラズマに汚染していることが判明し，これまでの研究成果を公表することができなくなってしまいました．

キーワード▶論文投稿規定，細胞品質管理

細胞の「品質管理」は……

　近年細胞を用いた研究において，マイコプラズマ汚染（第3章-2参照）や細胞どうしのクロスコンタミネーション（第3章-5参照）が深刻な問題となっています．世界の細胞バンクに寄託される細胞の20％程度にマイコプラズマ汚染が認められ，10％程度にクロスコンタミネーションが認められます．さらに誤認細胞を用いた研究報告が後を絶たないのが現状です．そこで世界の細胞バンクが連携して国際委員会（ICLAC：International Cell Line Authentication Committee）を立ち上げ，論文投稿時の細胞の品質管理の重要性を普及し，現在では多くの論文の投稿規程に「使用した細胞の品質管理に関して記載すること」が義務づけられています[1]．したがって，研究に使用する細胞の品質を研究者みずからがしっかりと検査する必要があるので，これを普段から行っていないと，論文投稿時に痛い目にあうことになってしまいます．

実験の記録と細胞品質管理

1 実験の記録

　実験の記録は実験ノートとして絶対に残す必要があります．実験ノートは研究室に残すものであり，特許申請の際の証拠書類となります．したがってページごとに日付を記し，実験の前後に速やかに記載しなければなりません．実験前に記録することは，

　　①実験実施日
　　②実験のタイトル
　　③実験の目的，大まかな計画，方法
　　④プロトコール

などがあります．実験中に記録することは，

　　①プロトコールの項目ごとに作業終了のチェック
　　②データの記録
　　③実験中に気付いたこと

などがあります．実験後に記録する内容は，

　　①データのまとめ（表やグラフなど生データから整理・解析したもの）
　　②結果（どういう結果が得られたかを記録する）

コラム

間違った細胞を使用して科研費が浪費されている？

　Dr. Korchは間違った細胞を使用した研究報告の数や浪費した研究費の総額などを試算してScience誌に公表しています[2]．この報告によれば，HeLa細胞（子宮頸がん由来）の誤認細胞であるHEp-2細胞（喉頭がん由来）を用いた研究報告が1,182雑誌に5,789報も掲載され，174,000もの引用がなされています．同様にHeLa細胞の誤認細胞であるINT 407細胞（小腸由来）を用いた研究報告が271雑誌に1,336報も掲載され，40,000もの引用がなされています．これらの細胞による研究費の浪費は約3.18億ドル（約380億円）に相当すると試算されています．日本のKAKENデータベースで両細胞名を検索してみるとHEp-2細胞で143件の研究費（2000年以降80件，2000年以前63件），INT 407細胞で11件（2000年以降5件，2000年以前6件）の研究費が支給されています．こんな研究費の無駄をいつまでも続けていてよいのでしょうか？論文審査や研究費の審査を行う審査員の責任も重要であると思われます．

③考察(実験結果の解釈，明らかになったこと，今後の課題など)
　④次の方針

などになります．以上を実験ノートに記録しておかなければ，論文を投稿したとしても後で証拠不十分として，論文を取り下げることになるかもしれないので注意が必要です．

2 細胞の品質管理

　論文投稿時には細胞の品質管理が重要となります．マイコプラズマ汚染検査やヒト細胞認証試験などを実施し，その記録を投稿論文の実験項に記載しなければいけません．投稿前に調べておかなければいけないのはマイコプラズマの有無（検査方法，検査日），ヒト細胞の場合には認証試験の結果〔認証試験（STR-PCR解析）に用いた試薬，実施日〕などの細胞品質に関する項目があげられます．これら細胞品質管理に関する詳細な情報は「ICLAC」ホームページより入手ことができます．

〈小原有弘〉

細胞の声

品質管理　いずれやるなら　今やろう

論文投稿には必ず求められる細胞の品質管理．
日常的に行うことが，コスト最小化につながります．

参考文献

1) 小原有弘 他：細胞誤認：その現状と求められる対策，実験医学，32：1413-1418, 2014
2) Neimark J：Science, 347：938-940, 2015

第4章 細胞利用に関する規制を知っていますか？　XIII 知的財産権

1 他人の財産権を侵害していませんか？

Case

常識度 ★☆☆☆☆　　危険度 ★★★★★

研究者のN氏は長年にわたり培養細胞を使った研究に従事してきました．細胞バンクが存在することも知っていましたが，使用する細胞株の多くは昔から同じ学内や知人の研究者などから提供を受けて利用していました．胃がんの研究を始めようと胃がん細胞株を探していたところ，隣の研究室のO氏（ポスドク）が胃がん細胞株Xを利用していることを知り，O氏から同細胞株をもらって研究を開始しました．その後，N氏は胃がん細胞株Xを利用した研究成果を論文投稿したところ，エディターから「細胞株をどのように樹立したのか．または，他の研究者が樹立した細胞株であるならば，どのように入手したのか」を明記するように言われました．O氏を介してO氏の上司に尋ねたところ，胃がん細胞株Xは利用する前に所有権者の承諾が必要な細胞株であることが判明しました．N氏は慌てて胃がん細胞株Xの所有権者に問い合わせましたが，胃がん細胞株Xの所有権者は，N氏の研究内容は自分自身が申請している特許を侵害する内容も含むことから，N氏の論文発表を許可しないという結末になりました……．

キーワード ▶ 知的財産権

財産権とは何か？

財産には動産と不動産があり，不動産の代表が土地と家屋でしょうか．一方で，皆さんが研究に使用する研究材料にも財産権が付随していることが多

いことをまずもって肝に銘じてください．

　生命科学研究分野に限らず，研究成果物である有体物および無体物には，財産権が発生します．そして，その財産権は特定の組織または個人に帰属することが多く，正式な手続きを経なければ，該当する研究成果有体物や研究成果無体物を使用できないことが多くなってきています．

どこでも誰もが利用している培養細胞ですが……

　細胞を利用する場合には，細胞そのものの財産権（所有権）や細胞に関連した知的財産権（特許権，実用新案権など）に配慮することが必要です．まずは，細胞そのもの（有体物）に関して説明します．

　野ネズミを捕獲してそこから細胞を取得して研究する場合には，その野ネズミの所有権を主張する者はおらず，研究によって得られた研究成果物は基本的には研究実施者に帰属すると考えてよいと思います．一方で，実験動物としてのマウスを購入して使用する場合にはどうでしょうか．マウスを用いた研究には一般的に，近交系マウス系統（inbred mouse strain）という遺伝的バックグラウンドが均一なマウスを用いることが標準的となっています．近交系マウス系統を確立したことは研究成果であり，そこには財産権が存在します．もし，特定の近交系マウス系統を制限なく使用できるとしたら，それは財産権所有者が自由な使用を許可している場合か，財産権所有者が不明な（はっきりしない）場合だと考えてください．トランスジェニックマウスや特定遺伝子欠損マウスであれば研究成果物であることは認識しやすいと思いますが，マウス由来の細胞を研究に使用する場合にも，財産権に関して十分な注意が必要です．

　ヒト由来細胞となると，財産権に加えて倫理的な配慮も必須となり，使用前の確認や準備はさらに注意を要します．ヒト細胞利用に関する倫理的な面は，第4章-6を参照してください．

培養細胞と未培養細胞の違い

　動物由来であれヒト由来であれ，細胞材料は培養細胞と未培養細胞とにわ

かれます．動物由来の未培養細胞に所有権が該当するか否かは，前述のとおり，当該動物の財産権を有する者が存在するか否かに依存します．一方で，ヒト由来の未培養細胞に所有権なるものがあるのか否か，所有権という概念が成立するのか否かは議論がわかれるところです．なぜなら，所有権という概念が成立するならば，それを売買することは所有権者の自由ということにつながりかねず，言い換えればヒトの臓器や組織や細胞の売買につながりかねないからです．したがって，ヒトの臓器や組織や未培養細胞には所有権という概念は存在しないという見解の方が適切かと思われます．

一方で，培養細胞はと言いますと，培養という操作が施されていますから，そこには労力と費用が注がれており，研究成果有体物に該当するものであり，財産権が存在することになります．すなわち，原則として，培養細胞は誰でも自由に使える研究材料ではありません．何らかの形での財産権所有者の承諾が必要となります．

培養細胞は大きくは短期培養細胞と長期培養細胞にわかれます．短期培養細胞は，不死化（試験管の中で半永久的に増殖する能力を獲得したこと）が確認されていない，数カ月程度の培養を経た細胞であり，一般に「線維芽細胞」とよばれている細胞が代表的な細胞です．長期培養細胞は，ヒトがん細胞株に代表されるような不死化細胞株などであり，数カ月以上にわたっての培養を経た細胞です．がん細胞株以外では，エプスタイン・バールウイルス（EBV）で形質転換したB細胞株※，hTERT（ヒトテロメラーゼ逆転写酵素）で不死化した細胞株，そして，胚性幹細胞（ES細胞）や人工多能性幹細胞（iPS細胞）が該当します．

細胞の知的財産権とは何か？

第一例として，hTERTで不死化した細胞株を説明します．hTERTで細胞を不死化するという技術（方法）は米国のGeron社が特許を所有しています．市販されているhTERT遺伝子を購入し，不死化細胞株を樹立し，これを論文などで発表することは許容されていますが，樹立した不死化細胞株を広く多くの研究者に頒布するためにはGeron社の許可が必要となります．

第二例は，皆さんよくご存知のiPS細胞を紹介します．iPS細胞を樹立する

※：不死化しているか否かはいまだ議論がわかれています．

技術（方法）には特許が成立しており，iPSアカデミアジャパン社が該当する財産権を管理しています．学術機関が学術目的で，iPS細胞を樹立したり，他者が樹立したiPS細胞を使用したりすることは財産権所有者が許容しています．しかし，営利機関がiPS細胞を使用する場合や非営利機関であっても利用目的が営利である場合には，事前にiPSアカデミアジャパン社の許可が必要となります．

細胞の寄託とは何か？

　細胞バンク機関では，寄託という制度を導入しています．寄託とは，培養細胞の所有権は寄託者（培養細胞作製者）に帰属したまま，細胞を増やして他の研究者に提供する作業のみを細胞バンクが引き受けるものです．寄託者も細胞バンクも，双方が無償で行っております．

　寄託者は，提供条件（利用条件）を付けることも可能であり，寄託者の発表論文を引用することや寄託者に謝辞を表明することから始まり，寄託者の承諾を必要とするケースまでありますので，個々の細胞の利用条件を事前によく確認することが重要です．

　皆さんがご自身で細胞株を樹立された場合には，ぜひこの寄託制度を活用して細胞バンクに細胞を移管してください．論文発表した細胞株を他の研究者に頒布することは研究者としての道義的責任でありますが，利用希望者が多くなると，樹立者の大きな負担となります．細胞バンクではそうした作業

コラム

「知的財産基本法」からの抜粋

第二条　この法律で「知的財産」とは，発明，考案，植物の新品種，意匠，著作物その他の人間の創造的活動により生み出されるもの（発見又は解明がされた自然の法則又は現象であって，産業上の利用可能性があるものを含む），商標，商号その他事業活動に用いられる商品又は役務を表示するもの及び営業秘密その他の事業活動に有用な技術上又は営業上の情報をいう．

2　この法律で「知的財産権」とは，特許権，実用新案権，育成者権，意匠権，著作権，商標権その他の知的財産に関して法令により定められた権利又は法律上保護される利益に係る権利をいう．

を代行する役目を担いますし，品質管理も万全に実施して利用希望者に提供いたします．

研究材料移転同意書 (Material Transfer Agreement：MTA)

　細胞バンクが細胞樹立者から寄託を受ける際，および細胞バンクから利用希望者に細胞を提供する際には，MTAを締結します．これは，本稿で紹介した財産権に関することや，ヒト細胞の倫理に関することなどを明確にするためのものです．昔は，MTAなどを締結することもなく，研究者間でかなり自由に細胞の譲渡が行われていましたが，そのことは本書の他稿で紹介するとおり，誤認細胞が研究コミュニティに蔓延する原因となったものです（第3章-5参照）．細胞材料を移管する際には，MTAによって，その素性などをしっかり確認することが重要です．

財産権担当部署

　本稿では概要しか説明できていませんが，研究活動においては，さまざまな財産権が関与していることを理解していただけましたでしょうか．新しい研究を始める場合や新しい研究材料を利用しようという場合には，所属機関の財産権担当部署と相談することを推奨いたします．少し以前までは該当する部署が存在しない機関（大学など）が多かったと思いますが，最近はほとんどの機関が該当部署をもっています．他人の財産権を侵害しないためにだけではなく，自分が取得した財産権を無駄にしないためにも，財産権担当部署と相談してください．

（中村幸夫）

細胞の声
細胞も　法の定める　財産です！
利用する者も，樹立した者も，培養細胞は「誰もが自由に利用できるものではない」と心得ましょう．

第4章 細胞利用に関する規制を知っていますか？　XIII 知的財産権

2 安易な気持ちで細胞入手を考えていませんか？

Case

常識度 ★☆☆☆☆　　危険度 ★★★★☆

白血病研究者であるI先生は長年にわたって珍しい白血病由来細胞株を多く樹立していました．もちろん多くの論文発表を行い，その論文は大きな反響をよんでいました．ある時，知り合いの海外研究者から「K細胞を使って研究してみたい」というリクエストを受けたので，K細胞を送ってあげました．5年後，I先生はある学会で全く知らない研究者がK細胞を使用して研究発表していることに気づき，非常に驚きました．慌ててその研究者に細胞の入手方法を問いただしたところ，K細胞が全く知らない研究者によって海外の細胞バンクに勝手に寄託されていて，海外研究者に広く配布されている事実が判明しました．K細胞を用いた研究発表には海外細胞バンクから入手したという記載のみで，I先生の樹立の論文は全く引用されていませんでした．

キーワード ▶ 細胞入手，細胞分与

細胞の入手の際には……

研究のために特定の細胞が必要となったとき，細胞を入手する方法としては以下の3つ考えられます（第1章-16参照）．
　①公的細胞バンクから入手する
　②企業などから販売されている細胞を購入する
　③研究者どうしのやり取りを通じて入手する
いずれの場合においても一定の手続きが必要になります．そのなかで確認を

しておかなければならないのは，研究成果の公表時における制限事項と細胞の知財（第4章-1 参照）に関する項目です．大学の研究室などに配属されてその研究室が所有している細胞を使用したとしても，入手時にどのような取り決めがあったのかについて確認を行っておかないと，研究成果を公表する時になって大問題に発展することがあるので注意が必要です．実際には研究成果を公表できない事態に陥ることもあります．

　細胞バンクから細胞を入手する場合，申し込みとともに同意書や契約書（次項に記しているようなMTA）を提出する必要があります．細胞バンクでは，細胞を利用する権利のみを利用者に提供しており，細胞の知的財産権，実施権などの権利は利用者に一切移転されません．その知的財産権，実施権などは樹立者・寄託者に帰属するものなのです．細胞バンクでは細胞の寄託を受けたうえで，管理・保管し，樹立者や寄託者の代わりに利用希望者へ頒布しています．

　他の研究者から細胞を入手する場合にも取り決めが必要ですが，さらに注意が必要なのは，その細胞の提供において，提供元の研究者が細胞配布の権利をもっているのかどうか？　つまり自分がもらった細胞は第三者分与に当たらないのか？　を確認することです．細胞バンクは原則として第三者分与を禁じていますので，細胞バンクから入手した細胞を勝手に他の研究者に分与することはできません．もし提供元がこのような方法で細胞を入手しているのであれば，そこからさらに分与してもらうと樹立者の知財を侵害することになるため，注意が必要です．

細胞入手時の確認事項

1　細胞の状態と細胞品質管理

　細胞を入手した際に確認しなければいけないことのなかには，細胞到着時の細胞および容器の状態があります．受け取った時点で，容器の破損や凍結状態の不良などがないかに関しては，今後培養を開始することが可能であるかを判断するうえで重要な確認項目となります．また，実際に培養を開始してみたら微生物のコンタミがあったり，全然増殖しなかったりといった品質に関する部分も重要なので，細胞を入手した時にはしっかりと確認しておく

必要があります．この品質チェックを怠ると，導入した細胞によって研究室内の細胞に汚染を広げてしまう可能性もあるので，研究室内でルールを決めて行うとよいでしょう．

2 MTA（Material Transfer Agreement）について

MTAという言葉を聞きなれていない研究者は少なくないと思いますが，研究に使用する資源（細胞や化合物など）を研究者同士など二者間でやり取りする場合には，何らかの契約あるいは覚書のようなものを残しておく方が，後々になって問題とならないのでよいのです．その際の書類を一般的にMTAとよんでいます．細胞をはじめとする生物資源の提供においてもMTAを締結しておくことが多く，その内容には生物資源の利用における権利・義務の関係を明文化したものと，樹立者・寄託者などの権利を守るための条件などが記載されます（表1）．これに同意することによって，利用者ははじめて生物資源を使用可能になるのです．

表1　MTA内容の例

輸送にかかわる経費をどちらが支払うのか？
細胞の品質に問題が生じた場合に，どのように対応するのか？
第三者への配布が可能かどうか？
研究成果を公表する際にはどのような手続きが必要であるのか？　　　　　　　　　　　　など

研究成果公表の際の注意点

研究成果を発表する際には，使用した細胞の入手先を明記する必要があります．公的な細胞バンクから入手した際には登録番号（JCRB番号やRCB番号）

コラム

海外研究者の常識？

私たちのような細胞バンクは海外の研究者にも多くの細胞を分譲しています．日本の研究者と海外の研究者で大きく異なるのが，細胞受け入れ時の細胞のチェックです．日本の研究者は性善説に立って受け取った細胞の品質を自分でチェックすることをあまりしないようです．しかしながら海外の研究者は必ずと言っていいほど，研究者間のやり取りであっても細胞バンクからの入手であっても例外なく，受け入れ時に細胞の品質チェックを行います．このような習慣は，今後研究者が成果を公表する際には非常に役立つものとなるはずなので，日本の研究者も積極的に自分で品質チェックをするようにしてもらいたいと思います．

研究者から入手した場合

Aaaaaaa aaaa aaaaaa aaaa. Aaa aaa aaaaa aaaaaaa aaaa, aaaaa aaaaa. Aaaaa, aaaa aaaaaa.
The Chinese hamster lung fibroblast cell line Aabbcc-1 was kindly provided from Dr. Smith Cells, Department of Pharmacology, Sankaku University, Japan.
Xxx xx xxxxxxx xxxxxxx, xxxx, xxxx, xxxxxxx. Xxxxxxx xxxxx xxx xxxxxx. Xxxx xxxx xxxx.

細胞バンクから入手した場合

Aaaaaaa aaaa aaaaaa aaaa. Aaa aaa aaaaa aaaaaaa aaaa, aaaaa aaaaa. Aaaaa, aaaa aaaaaa.
The murine macrophage cell line J774.1 was obtained from JCRB Cell Bank (Registration No.: JCRB0018).
Xxx xx xxxxxxx xxxxxxx, xxxx, xxxx, xxxxxxx. Xxxxxxx xxxxx xxx xxxxxx. Xxxx xxxx xxxx.

使用制限（論文の引用）がある細胞の場合

Aaaaaaa aaaa aaaaaa aaaa. Aaa aaa aaaaa aaaaaaa aaaa, aaaaa aaaaa. Aaaaa, aaaa aaaaaa.
The JHH-2 cell line was kindly provided from Prof. S. Nagamori (Department of Virology II, National Institute of Infectious Diseases, Japan) through JCRB Cell Bank (Registration No.: JCRB1028) [1][2][3]. ← 原著論文を引用文献として記載
Xxx xx xxxxxxx xxxxxxx, xxxx, xxxx, xxxxxxx. Xxxxxxx xxxxx xxx xxxxxx. Xxxx xxxx xxxx.

図　論文への記載例

とともに細胞バンク名を記載することが必要になります．また，研究者から供与された細胞を使用した場合には，その研究者の所属機関と名前を記載しなければなりません．さらに，MTAで樹立者・寄託者の権利を守るために，細胞使用の条件が決められている場合には，その条件に従わなければ研究成果を公表することができないので，これにも注意が必要です（図，表2）．

表2　細胞使用の条件（例）

研究目的を限定して，その研究目的以外には細胞を使用しないこと
研究成果を公表する際には，樹立論文を引用すること
研究成果を公表する際には事前に許可をとること　　　　　　　　　　など

（池田弘美）

細胞の声

細胞の授受　結んで安心　MTA
細胞の権利の取り扱いを明文化しておけば，開始から成果発表まで安心して研究を進めることができます．

第4章 細胞利用に関する規制を知っていますか？ XIII 知的財産権

3 企業との共同研究における細胞使用，研究者どうしと同じに考えていませんか？

Case

常識度 ★☆☆☆☆　危険度 ★★★★★

大学院生のK君は，企業と共同研究をしていた指導教官から，細胞への遺伝子導入を頼まれ，非常によい遺伝子導入細胞を作製できました．この研究成果をいよいよ論文投稿しようとしたところ，細胞の入手先の企業からその作製した細胞の知財（知的財産）権利はすべて企業のものであると通告されてしまいました．これでは論文として公知とすることは不可能です．

キーワード ▶ 企業との共同研究，営利目的利用

企業との共同研究をするときには……

　企業と大学とで共同研究を実施する場合において気を付けなければならないのは，企業は利益を優先した考えで研究を進めるので，研究成果の公表に際して細心の注意が必要とされる点です．大学の研究者が論文発表や学会発表などの研究成果の公表に注力することに反して，企業では特許取得や製品化を進めて利益を上げることを目標としています．企業との共同研究において細胞を使用する場合にはその入手方法，使用制限，共同研究終了後の取り扱いなどに注意を払う必要があります．

共同研究を行う時の細胞入手方法

　共同研究を行う場合には共通した細胞を使用して，再現性のある研究成果をあげる必要があります．そのため細胞バンクから分譲された細胞であって

も，共同研究班内での細胞分与を認めているのが現状です．しかし，その際に問題となるのは誰（どこ）が責任をもって細胞を管理するのか？といった点になります．もちろんそれは共同研究の責任者であり，細胞の分譲に際して責任者となる方になりますので，研究開始する前に責任（細胞管理）の所在に関しても確認しておく必要があります．

　また，第4章-2にもあるように細胞バンクから分譲された細胞は，その細胞を利用する権利のみを利用者に提供しているものです．したがって共同研究の成果として特許取得や製品化を検討する場合には，樹立者・寄託者に直接連絡を取り，交渉する必要があります．研究者間で細胞を入手する場合には，共同研究者として細胞を使用する研究者についても，MTAの中で許可を明文化しておく必要があります．

入手した細胞の営利・非営利機関で異なる使用制限の確認

　共同研究において，細胞の使用に制限が生じることがあります．たとえば，ヒトiPS細胞を使用する場合には，大学や公的機関などの非営利機関は知的財産権の取り扱い，第三者への分与の禁止などに関する誓約書の提出が求められる程度ですが，営利機関においては一定の知財使用料を支払う形で契約を行うことで，非独占的なライセンスが付与されます．したがって企業との共同研究を行う場合には，このルールに従った対応を行う必要があります．ヒトiPS細胞以外にも，営利機関と非営利機関とで違った使用の制限が設けられている細胞もあるので，細胞バンクの細胞情報などをしっかりと確認する必要があります．

コラム

外部受託試験機関における細胞の使用

もしあなたが細胞を使用した試験・研究を別の受託試験機関に依頼する場合であっても，特別な取り決めがない限り，その細胞を利用する権利は受託試験機関ではなく，試験により成果を得る研究者がもつことになります．細胞バンクでは，このような場合を考慮して，受託試験に細胞を使用する場合には細胞の利用についての責任者や業務委託先・業務委託内容，細胞の使用における誓約書などを別途提出していただくようにしています．

よくある話としては，企業研究者が大学に籍をおいて研究する場合に，非営利機関として入手した細胞を利用して，新しい遺伝子導入細胞の作製など，とてもよい研究成果を出したとしても，企業（営利機関）として特許取得などができなくなって困ってしまうということです．このような事態を避けるためにも，共同研究の場合には使用制限のある細胞には十分気を付けることが必要です．

共同研究終了後の細胞の取り扱い

共同研究で使用した細胞は，共同研究が終了した後であっても，原則として細胞の管理者が責任をもって管理することが必要になります．たとえば，大学のA先生が細胞バンクから入手した細胞を，共同研究によって企業Bと一緒に使用していた場合，共同研究が終了したら企業Bはその細胞の使用を中止し，決して他の研究に使用してはいけないことになります．特に注意が必要なのは，その細胞自身，変異体・改変体および派生物についても同等の取り扱いであることです．つまり新しく遺伝子導入や遺伝子改変を行った細胞であったとしても，共同研究が終了したら，細胞の管理者（細胞入手時の責任者）がその管理に責任をもつことになり，勝手に第三者に分与したり，他の研究に転用したりすることができないということを共同研究開始前に理解しておくことが必要です．

（小原有弘）

細胞の声

企業とは　注意が必要　細胞使用

細胞にももちろん知的財産権がありますので，営利目的での細胞使用には制限があります．共同研究を始める前に，しっかりと権利関係，研究成果の取り扱いに関して取り決めをしておくとよいでしょう！

第4章 細胞利用に関する規制を知っていますか？　XIV 安全性

4 培養細胞のバイオセーフティレベル（BSL）に注意をしていますか？

Case

常識度 ★☆☆☆☆　　危険度 ★★★★☆

大学院生のSさんは，ヒトがん細胞を研究に使用するために，各細胞バンクのホームページを閲覧していました．バンクによっては，バイオセーフティレベル（BSL）を明記しているところもありますが，明記していないところもあります．明記のないバンクに問い合わせたところ，「未知の感染源が存在する可能性も排除できないため，細胞個別にはBSLを設定しておりません．細胞を取り扱う際には，未知の感染源による感染の危険性があることを認識し，十分な安全対策をもってご使用してください．」とのことでした．Sさんは「感染の危険性があることを認識し，十分な安全対策をもって」とは，どのレベルで扱ったらよいのかわからないまま，数日がたってしまいました．

キーワード ▶ バイオセーフティレベル（BSL），ヒト試料

バイオセーフティレベル（BSL）とは

　バイオセーフティレベル（BSL）は，細菌・ウイルスなどの微生物・病原体などを取り扱う実験施設の分類で，危険度に応じて，基本実験室（BSL1，BSL2），封じ込め実験室（BSL3），高度封じ込め実験室（BSL4）となります．取り扱う微生物・病原体などは，『WHO：Laboratory biosafety manual (3rd edition), 2004〔実験室バイオセーフティ指針（WHO 第3版）〕』にもとづき，各国において危険性に応じて，4段階のリスクグループが定められています．日本国内では，「国立感染症研究所 病原体等安全管理

規程（平成22年6月）」にリスク分類されています（コラム参照）.

ヒト試料および培養細胞のBSLは？

『国立感染症研究所 病原体等安全管理規程 別冊1「病原体等のBSL分類等」』には，数多くの微生物・病原体などが分類されています．ヒト試料および培養細胞において，分類されているすべての生物・病原体などを検査することは不可能ですし，未知のウイルスの感染も否定できません（第3章-3, 4参照）．『国立感染症研究所 病原体等安全管理規程』においては，「臨床検体及び診断用検体の取り扱いは通常BSL2で行う．」と記載されています．

細胞バンクでは，ヒト試料およびヒト培養細胞においては，BSLを明記せず，取り扱いについては，必ず所属機関の関係部署への相談をお願いしております．また，細胞バンクではウイルスなどの検査に関してはホームページで公開していますので，ご確認をお願いします．特にヒト試料およびヒト培養細胞を扱う際は，感染性の生物・微生物が含まれていても大丈夫な，安全な取り扱い方法と予防策を考えておくことが重要となります．

コラム

リスク分類※

リスク群1（「病原体等取扱者」及び「関連者」に対するリスクがないか低リスク）
ヒトあるいは動物に疾病を起こす見込みのないもの．

リスク群2（「病原体等取扱者」に対する中等度リスク，「関連者」に対する低リスク）
ヒトあるいは動物に感染すると疾病を起こし得るが，病原体等取扱者や関連者に対し，重大な健康被害を起こす見込みのないもの．
また，実験室内の曝露が重篤な感染を時に起こすこともあるが，有効な治療法，予防法があり，関連者への伝幡のリスクが低いもの．

リスク群3（「病原体等取扱者」に対する高リスク，「関連者」に対する低リスク）
ヒトあるいは動物に感染すると重篤な疾病を起こすが，通常，感染者から関連者への伝幡の可能性が低いもの．
有効な治療法，予防法があるもの．

リスク群4（「病原体等取扱者」及び「関連者」に対する高リスク）
ヒトあるいは動物に感染すると重篤な疾病を起こし，感染者から関連者への伝幡が直接または間接に起こり得るもの．
通常，有効な治療法，予防法がないもの．

※：『国立感染症研究所 病原体等安全管理規程』より引用．

ヒト試料・生物材料などの安全な取り扱い

どのような状況になると微生物・病原体などによる感染が起きるかを考えておくことは重要です．

1 エアロゾルの発生

ピペット操作時に起こるエアロゾルの発生を，細心の注意を払い最小限にすることは言うまでもありませんが，完全に抑えることは不可能です．したがって，培養操作を行う時には安全キャビネット内で行います．安全キャビネットは，感染性エアロゾルや飛沫の曝露から作業者，実験室環境を保護するように設計されています．安全キャビネットは定期的に性能検査を実施し，使用前にフィルターの目詰まりなどの日常点検も行うようにしましょう（第1章-10参照）．

2 遠心機の使用

試料の回収など，遠心操作を行う場合があります．遠心機の故障，あるいはバランス調整のミスなどの誤った操作で，微生物・病原体などが容器外に露出する場合があります．遠心操作時にも細心の注意，定期点検が必要です（第1章-12参照）．

3 注射器・注射針の使用

注射器・注射針の使用はできるだけ避けるようにします．やむをえず使用する場合は，注射器と注射針が一体型となったものを使用するようにしましょう．試料の吸入は気泡が生じないようにゆっくり行い，万が一生じた場合も気泡を抜く操作はしないようにしましょう．また，使用後に注射針にキャップをすることは避けましょう．使用後にキャップをする時に針刺し事故が起きますので，そのまま速やかに廃棄物入れへ捨てましょう．

4 防護具

白衣（できれば前が一体型で後ろで縛るタイプ），手袋，メガネの着用をし，実験室を出る前は，それらを取り外し，手を必ず洗いましょう．また，実験室内で記録をとる時にも手袋などからの汚染がないかどうかを考慮しましょう．

5 廃棄物

使用したピペット・培養容器・注射器・注射針などの器具，培地・試薬な

表　ヒト試料・生物材料などを扱うときは

微生物・病原体などの情報をできるだけ多く入手する
入手した微生物・病原体などに応じた実験設備を準備する
病原体などの情報が不十分な臨床検体および診断用検体の取り扱いはBSL2として扱うあるいは，必ず所属機関の関係部署へ相談をする
どのような時に感染が起こるかを想定しておく
感染事故が起こった場合を想定して，「汚染事故時の緊急マニュアル」などを作成しておく
ヒト組織・細胞を取り扱う事業体には，感染性微生物取り扱いのための教育訓練を実施する

どの廃液をはじめとする廃棄物は，使用施設のルールに従い滅菌・消毒を行い廃棄しましょう．

教育訓練

作業者のミスや技術が未熟なために起こる実験室内感染，感染事故などを予防するうえで，安全意識の高い作業者・熟練した作業者による教育訓練が重要です．どのような時に感染が起こるか，どのように予防するか，感染が起きた時の対応を含めた安全対策について，初めての作業者だけでなく，継続的に作業や手順の見直しを行い，教育訓練を行いましょう（表）．

（西條　薫）

細胞の声
BSL　培養前に　確認を
培養細胞を取り扱う際には感染リスクを前提にした教育訓練と慎重な操作を心がけましょう．

参考文献

『実験室バイオセーフティ指針（WHO　第3版）』（北村　敬，小松俊彦／監訳），バイオメディカルサイエンス研究会：http://www.who.int/csr/resources/publications/biosafety/Biosafety3_j.pdf

『国立感染症研究所 病原体等安全管理規程』：http://www0.nih.go.jp/niid/Biosafety/kanrikitei3/Kanrikitei3_1006.pdf

『国立感染症研究所 病原体等安全管理規程 別冊1「病原体等のBSL分類等」』：http://www0.nih.go.jp/niid/Biosafety/kanrikitei3/Kanrikitei3_1006_1.pdf

第4章 細胞利用に関する規制を知っていますか？　XIV 安全性

5 「遺伝子組換え細胞は遺伝子組換え生物に該当する」と思っていませんか？

Case

常識度 ★☆☆☆☆　危険度 ★★★★☆

とある学会に参加した大学院生のK君は，A先生の遺伝子組換え細胞に関する発表を聞いて，非常に興味をもち，自分の研究に使ってみたいと思い，A先生に分与のお願いをしました．快く細胞の分与に応じてくれましたが，K君が大学に戻って遺伝子組換え細胞を使用することを指導教官に相談したところ，遺伝子組換え体の入手には遺伝子組換え実験の申請と情報提供書の提出が必要だと言われてしまいました．K君がA先生に情報提供書を送ってもらおうとお願いすると，提出を拒否されてしまい，結局入手をあきらめました．

キーワード ▶ 遺伝子組換え生物，カルタヘナ法

遺伝子組換え細胞は……

　遺伝子組換え細胞は遺伝子組換え生物には該当しません．2004年，遺伝子組換え実験を行う際のルールとして，「遺伝子組換え生物等の使用等の規制による生物の多様性の確保に関する法律（カルタヘナ法）」が施行されました．この法律によって，実験室で使用する組換え生物の環境中への拡散を防止する措置を講じなければいけなくなりました．具体的にはP1，P2Aなどの実験該当クラスによって拡散防止措置が決まっており，それら要件を満たした実験室で実験を実施する必要があります．また，実験中以外の保管・運搬においても別の拡散防止措置をとることが義務づけされています．さらに遺伝子組換え生物の譲渡に際しては情報提供を行うことも義務づけられており，遺伝子組換え生物を入手するには多くの手続きが必要になることを覚え

ておく必要があります．

しかしながら，この法律の遺伝子組換え生物の定義のなかで，「ヒトの細胞等」，「分化する能力を有する，又は分化した細胞等（個体及び配偶子を除く．）であって，自然条件において個体に成育しないもの」は除外されることが明記されています．つまり遺伝子導入細胞はそれ自体だけでは遺伝子組換え生物に該当しないのです．かわいそうなK君，指導教官がこのことをしっかりと理解していれば遺伝子導入細胞を研究に使うことをあきらめなくてもよかったのです．

カルタヘナ法を知っていますか？

1 遺伝子組換え生物の可能性とカルタヘナ法

遺伝子組換え生物とは，遺伝子工学の技術を用いて遺伝子を操作された生物のことであり，本来その生物がもっていない別の遺伝子を導入したり，その生物の遺伝子を改変させたりした生物を言います（表）．近年，遺伝子組換え技術の発展により，人類が抱えるさまざまな課題を解決する有効な手段としての期待がある一方で，形質次第では，野生動植物の急激な減少などを引き起こし，生物の多様性に影響を与える可能性が危惧されています．このため，遺伝子組換え生物等を使用等する際の規制措置を講じることを目的として，2000年1月に，「生物の多様性に関する条約のバイオセーフティに関するカルタヘナ議定書（カルタヘナ議定書）」が採択され，2003年6月に締結されました．この議定書を日本で実施するため，2003年6月に公布されたのが前述の「カルタヘナ法」で，カルタヘナ議定書が日本に効力を生じる2004年2月に施行されています．

表　遺伝子組換え生物とは

遺伝子組換え生物として扱われるもの	遺伝子組換え生物として扱われないもの
○動植物の個体，配偶子	●死んだ動植物の個体
○動物の胚，胎児（胎仔）	●ヒトの個体，配偶子，胚，培養細胞，臓器
○植物の種子，種イモ，挿し木	●動植物の培養細胞（ES細胞を含む）
○ウイルス，ウイロイド	●動物の組織，臓器
○遺伝子操作した細胞（単細胞生物の場合）	●ハイブリドーマ（細胞融合）

2 遺伝子導入細胞などの除外

　遺伝子導入細胞は遺伝子組換え生物には該当しません．これは培養細胞自体で個体を形成することができないためであり，そのような点で単細胞生物や動物個体と大きく異なります．したがって遺伝子操作された細胞は試験管内で培養する限りは遺伝子組換え生物から除外されます．このことは施行規則第1条[1]に明記されており，前述の通り①「ヒトの細胞等」，②「分化する能力を有する」又は分化した細胞等（個体及び配偶子を除く．）であって，自然条件において個体に成育しないもの」は除外されています．

3 遺伝子導入細胞使用時の注意点

　2において遺伝子導入細胞などは遺伝子組換え生物の除外にあたると解説しましたが，実際の使用時には注意が必要なことがあります．まず始めにその遺伝子導入細胞などの中に遺伝子操作に用いたベクターなどが残存していないことが，除外の条件であり，ベクターなどの核酸供与体が残存している場合には遺伝子組換え生物として取り扱う必要があります．次に，この細胞を用いて研究する過程において細胞を動物移植する場合には，動物移植実験が遺伝子組換え実験に該当し，移植された動物は遺伝子組換え生物となります．

例1）ヒトiPS細胞の分化多能性を評価するため免疫不全動物に移植して評価を実施する場合⇒遺伝子組換え実験に該当

例2）ルシフェラーゼ発現細胞（発光細胞）を免疫不全動物に移植して，細胞の体内動態の評価実施する場合⇒遺伝子組換え実験に該当

(小原有弘)

細胞の声

細胞は　カルタヘナ法の　対象外

これは原則で，状況・使途によっては遺伝子組換え生物扱いになることを念頭において実験しましょう．

参考文献

1) 遺伝子組換え生物等の使用等の規制による生物の多様性の確保に関する法律施行規則（平成15年財務・文部科学・厚生労働・農林水産・経済産業・環境省令第1号；最終改正：平成19年4月20日財務・文部科学・厚生労働・農林水産・経済産業・環境省令第1号）

第4章 細胞利用に関する規制を知っていますか？　XV ヒト細胞に関する倫理

6 ヒト細胞を用いた解析，インフォームド・コンセントは十分ですか？

常識度 ★★☆☆☆　　**危険度** ★★★★☆

Case

大学院生のKさんは，ヒト由来細胞を用いたがん関連遺伝子の解析研究を計画し，所属する大学の倫理審査委員会に申請し，審査，承認されました．そして研究計画にもとづき，ヒトがん組織より分離，培養したがん細胞を試料として，目的とするがんの病因となる関連遺伝子領域の変異解析を行いました．ところが，本来の目的である遺伝子以外のゲノム領域を付随して解析し，結果として全ゲノム塩基配列が明らかとなってしまいました．組織提供者のインフォームド・コンセント（IC）の内容に全ゲノム配列を含む遺伝子解析研究に関する同意が取得されていなかったため，解析されたゲノム情報の取り扱いについて検討が必要となりました．

キーワード ▶ インフォームド・コンセント（IC），倫理指針，ヒト細胞

ヒト細胞の遺伝子解析における思わぬ落とし穴

　このCaseは，取得されたインフォームド・コンセント（IC）の内容に遺伝子解析の実施に関する同意が含まれていない場合に，同意の範囲を超えて研究が実施されたことになり，「ヒトゲノム・遺伝子解析研究に関する倫理指針」[1]からの逸脱となります．Kさんは，この点についての認識が不十分でよく確認せずに，目的とするがん関連遺伝子の他に想定外の領域を予期せず解析してしまったと思われます．あるいは，目的のがん関連遺伝子以外の遺伝子領域からもできるだけ多くの情報を得て，がんの発症に関連する変異情報を収集しようとしたのかもしれません．また，高速シークエンサーの利用により，迅

速，簡便，そして比較的安価に全ゲノム配列の効率的な解析が可能となっている技術的な要因により，このようなことが起きてしまう恐れもあります．研究開始時に組織提供者のICの内容をよく確認して，その範囲内で十分に検討して研究計画を作成し，計画を厳守して研究を実施することが重要です．

ヒト細胞を用いて遺伝子解析をするときのルール

　現行の「ヒトゲノム・遺伝子解析研究に関する倫理指針」の細則[2]では，がんの病変部位についてその原因を調べることを目的として遺伝子変異などの次世代に受け継がれず後天的に現れた変異（体細胞突然変異）の解析を行う場合については，本指針の対象とはならないとあります．このCaseの本来の目的であるがん関連遺伝子領域の解析はこの記載にあてはまると思われ本指針の対象にはなりませんが，このような研究においても本指針の趣旨をふまえた適切な対応が望まれています．同細則では，指針の対象とはならない研究を行う過程で偶然の理由によりそのほかの遺伝情報が得られた場合には，その試料・情報の利用目的，適切な管理，保存，匿名化後の廃棄などの取り扱いについては，研究機関の長が倫理審査委員会に諮ったうえで決定されるとの記載があります．このCaseのように，全ゲノム配列解析について提供者の同意が取得されておらず，予期せず全ゲノム情報が明らかにされ，がんの病因だけでなくそのほかの病気の病因にも影響する多型変異や生殖細胞系列の変異などの，次世代に受け継がれる変異に関する情報が解析される研究は，この場合にあてはまると考えられ，上記のような適切な対応が必要となります．

　また，倫理審査委員会で承認され実施された研究計画において，すでに提供され保管されているヒト由来試料および情報を当初の研究目的以外のヒトゲノム・遺伝子解析研究にあたる研究へ新たに利用する際には，同倫理指針の試料・情報の取り扱いに関する記載[3]では，検体の提供者あるいは代諾者から同意の取得が可能な場合は，その研究における試料および情報の利用について同意を受けて，その同意に関する記録を作成することが原則とされています．同意を受けることができない場合においては，その試料および情報が連結不可能匿名化[4]されていて提供者が特定できなくなっていれば，研究

計画の変更内容について，研究機関内倫理審査委員会の審査，承認を受け，研究機関の長による研究実施の許可が得られれば利用可能となります．また試料および情報が連結可能匿名化[4]されていて，提供者を特定できる場合においても，研究者が提供者の個人情報を入手できないときは，その研究の実施について利用目的を含む情報を提供者に通知するか，あるいは一般に公開している場合に，研究機関内倫理審査委員会の審査，承認を受け，研究機関の長による研究実施の許可が受ければ利用可能となります．

ヒト細胞を用いて遺伝子を解析する前に

　この事例のような事態を避けるために，ヒトゲノム・遺伝子解析の実施に際して，研究責任者は，目的とする研究内容の特色に十分に配慮して研究計画書を作成し，その内容には以下の点などについて明確に記載する必要があります．

- 研究の意義，目的，方法，期間
- 予測される結果および提供者にとっての不利益の可能性
- 匿名化など個人情報保護の方法
- 試料・情報の保存および使用の方法
- IC の取得手続きおよび方法
- 遺伝情報の開示に関する考え方
- 将来的に他のヒトゲノム・遺伝子解析研究に利用される可能性
- 遺伝カウンセリングの考え方

また提供者に対しては，試料・情報の提供を受ける前に，このような研究計画の内容を十分に説明して，自由意思にもとづく文書による同意を受けなければなりません．また，ゲノム解析を行う場合，研究の過程では想定していなかった，提供者および血縁者の生命に重大な影響を与える偶発的所見[5]が見出された場合における遺伝情報の開示の方針などについても，説明が必要となります．研究責任者が研究機関の長に研究計画を申請し，研究機関の長が倫理審査委員会の審査の結果を受けて研究の実施を許可すれば，提供された試料・情報の研究利用が可能となります．

（小阪拓男）

細胞の声
ヒト試料　倫理審査を　忘れずに
特に遺伝子変異の解析を行う場合，ヒト細胞の取り扱いには倫理面の注意も払いましょう．

参考文献

1）ヒトゲノム・遺伝子解析研究に関する倫理指針（平成26年11月25日一部改定）
2）同指針　第7用語の定義の21（3）　ヒトゲノム・遺伝子解析研究　＜本指針の対象とするヒトゲノム遺伝子解析研究の範囲に関する細則＞
3）同指針　第5試料・情報の取扱い等の14　研究を行う機関の既存試料・情報の利用
4）同指針　第7用語の定義の21（5）　匿名化
5）同指針　第3提供者に対する基本姿勢の8（2）　遺伝情報の開示　＜偶発的所見の開示に関する方針に関する細則＞

第4章 細胞利用に関する規制を知っていますか？　XV ヒト細胞に関する倫理

7 そのヒトES/iPS細胞実験，倫理規制に反していませんか？

Case

常識度 ★★☆☆☆　　危険度 ★★★★☆

大学院生のN君は，ヒトiPS細胞から肝臓細胞を分化誘導する研究に従事していました．ある日，有名な科学雑誌においてマウスiPS細胞から精子を分化誘導することに成功したという論文を読みました．以前から生殖細胞の発生・分化にも興味をもっていたN君は，普段使用しているヒトiPS細胞から精子を分化誘導する実験をしてみたいと思い，上司である教授に相談もせず準備を進めました．しかし，そのための新しい試薬などを購入する必要があり，教授に相談しました．教授からは「ヒトiPS細胞から生殖細胞を作成することに関しては国の指針が定められており，それを遵守した手続きを踏まなければならない．もっと早く，アイデアをもった段階で私に相談しなさい！」との叱責を受ける結果に……．

キーワード ▶ ES/iPS細胞

ヒトES細胞とiPS細胞の使用などに関する法令と指針

　ヒトES細胞とiPS細胞の使用などに関しては，国が施行している法令および指針があることをまず肝に銘じてください（表）．すなわち，ヒトES細胞とiPS細胞の使用などの前には，該当する法令や指針の内容をしっかりと把握しておくことが必須です．今はどこの機関にも倫理担当部署がありますので，ヒトES細胞やiPS細胞を使用する研究のアイデアが思い浮かんだら，そうした担当部署の人に相談することも一案かと思います．また，法令および指針の規制の対象となる研究内容であれば，上司である教授などのみでなく，

表　ヒトES/iPS細胞の倫理に関する法令・指針など

法令・指針	発出官庁	URL
ヒトに関するクローン技術等の規制に関する法律	文科省	http://www.lifescience.mext.go.jp/files/pdf/1_3.pdf
ヒトES細胞の樹立に関する指針	文科省，厚労省	http://www.lifescience.mext.go.jp/files/pdf/n1430_01.pdf
ヒトES細胞の分配及び使用に関する指針	文科省	http://www.lifescience.mext.go.jp/files/pdf/n1460_01.pdf
ヒトiPS細胞又はヒト組織幹細胞からの生殖細胞の作成を行う研究に関する指針	文科省	http://www.lifescience.mext.go.jp/files/pdf/n592_H01.pdf
ヒト受精胚の作成を行う生殖補助医療研究に関する倫理指針	文科省	http://www.mhlw.go.jp/general/seido/kousei/i-kenkyu/dl/9_01.pdf
特定胚の取扱いに関する指針	文科省	http://www.lifescience.mext.go.jp/files/pdf/30_226.pdf

機関長や機関内倫理委員会の承認が必要となることも覚えておいてください．

ヒトES細胞の特殊性

　ヒトES細胞は，ヒト受精胚に由来する細胞株です．ヒトES細胞を樹立することを目的にヒト受精胚を作成することは禁止されています．ヒトES細胞の樹立に使用できるヒト受精胚は，生殖補助医療としての体外受精で作成されたもののみです．すなわち，ヒトES細胞のもとになった細胞は，臨床で子宮への着床に選択されていたならば，ひとりの人間となっていたはずの生命の萌芽です．したがって，通常の細胞材料とは全く異なる次元の生命倫理感が必要となります．

iPS細胞に関して

　iPS細胞は，皮膚や血液の細胞から樹立できるという点においては，ヒトES細胞のような規制は存在しません．ただし，ひとたび樹立されたiPS細胞は，ES細胞と全く同様な能力を有することが大きな特徴です．すなわち，全身のありとあらゆる組織や細胞に分化することができるのです．ヒトES細胞に関する指針の第1条（コラム1参照）においても，すべての細胞に分化

する可能性があることが生命倫理上の問題を内包する理由の1つとして明記されています．Caseで示したような，生殖細胞（精子や卵子）をも分化誘導可能なことなどが，生命倫理上の問題を内包していることになります．

ヒトに関するクローン技術などの規制

　核移植技術によって最初にクローン個体を作成したのは，山中伸弥博士と一緒にノーベル賞を受賞したJohn Gurdon博士です．1962年のカエルでの成功例でした．1997年には，核移植技術によって羊のクローン個体もできることがわかりました（ドリー）．その後は，さまざまな動物種で成功例が報告され，2013年には遂にヒトでの成功例が発表されました[1]．言うまでもなく，どこの国でも例外なくクローン人間の作成は禁止されています．しかしながら，クローン技術にはさまざまな境界領域が存在するため，「ヒトに関するクローン技術等の規制に関する法律」が施行されています（コラム2参照）．これは指針ではなく法律です．指針よりも一段と厳しい規制であり，罰則もあります．該当する研究あるいは該当する可能性がある研究を検討する場合には，関係者とよく相談することが必須です．

　ここでは，研究者がどのような研究を目指しているのかを紹介しておきます．たとえば，膵臓を欠損する特性のマウスの胚と正常なラットiPS細胞との混合胚を作成し，マウス子宮内で個体発生をさせたところ，ラット由来の膵臓を有するマウス個体が作成できたことが報告されています[2]．この技術を発展させると，たとえば豚の体内でヒトの膵臓をつくるようなことが可能かもしれません．もちろん，解決しなければならない問題も含まれてはいま

コラム1

「ヒトES細胞関連2指針（表参照）」の第1条（目的）

この指針は，ヒトES細胞の樹立及び使用が，医学及び生物学の発展に大きく貢献する可能性がある一方で，人の生命の萌芽であるヒト胚を使用すること，ヒトES細胞が，ヒト胚を滅失して樹立されたものであり，また，すべての細胞に分化する可能性があること等の生命倫理上の問題を有することにかんがみ，ヒトES細胞の使用に当り生命倫理上の観点から遵守すべき基本的な事項を定め，もってその適正な実施の確保に資することを目的とする．
（原文ママ引用）

すが，可能となれば画期的な技術と言えます．豚の体内で作成した臓器を人間に移植するような時代が来るのかもしれません．もはやそれは，サイエンス・フィクションとは言えない状況になっているのです．

規制は怖くない！

　本稿は規制に関する紹介なのですが，言うまでもなく，規制に対して恐怖心を煽ることが目的ではありません．逆に，規制をちゃんと理解して，ヒトES/iPS細胞を有効活用してもらうことが目的です．本稿の最後に，ヒトES/iPS細胞の有用性を紹介します．

　さまざまな臓器や組織では，ヒトの正常な細胞を入手することはきわめて困難ですが，ヒトES/iPS細胞を用いれば最終分化した機能細胞を分化誘導することができます．たとえば，創薬研究では多数の人間（遺伝的背景）に由来する肝臓細胞を用いた解析が必要となりますが，多数の人間に由来するiPS細胞から肝臓細胞を分化誘導することで，それが可能となります．また，脳疾患の人の脳細胞を採取して研究に用いることは不可能ですが，その患者さんからiPS細胞を樹立し（疾患特異的iPS細胞とよばれています），iPS細

コラム2

「ヒトに関するクローン技術等の規制に関する法律」第1条（目的）

この法律は，ヒト又は動物の胚又は生殖細胞を操作する技術のうちクローン技術ほか一定の技術（以下「クローン技術等」という．）が，その用いられ方のいかんによっては特定の人と同一の遺伝子構造を有する人（以下「人クローン個体」という．）若しくは人と動物のいずれであるかが明らかでない個体（以下「交雑個体」という．）を作り出し，又はこれらに類する個体の人為による生成をもたらすおそれがあり，これにより人の尊厳の保持，人の生命及び身体の安全の確保並びに社会秩序の維持（以下「人の尊厳の保持等」という．）に重大な影響を与える可能性があることにかんがみ，クローン技術等のうちクローン技術又は特定融合・集合技術により作成される胚を人又は動物の胎内に移植することを禁止するとともに，クローン技術等による胚の作成，譲受及び輸入を規制し，その他当該胚の適正な取扱いを確保するための措置を講ずることにより，人クローン個体及び交雑個体の生成の防止並びにこれらに類する個体の人為による生成の規制を図り，もって社会及び国民生活と調和のとれた科学技術の発展を期することを目的とする．

（原文ママ引用）

胞から脳細胞を分化誘導することで，疾患の研究や創薬研究に応用できます．規制を恐れることなく，ヒトES/iPS細胞を有効活用しましょう．

（中村幸夫）

細胞の声
倫理規制　正しく知れば　怖くない！
規制と聞くと尻込みしがちですが，本来有効活用のためのもの．ES/iPS細胞の有用性を享受しましょう．

参考文献
1) Tachibana M, et al：Cell, 153：1228-1238, 2013
2) Kobayashi T, et al：Cell, 142：787-799, 2010

第4章 細胞利用に関する規制を知っていますか？ ⅩⅥ 国際条約と国内の法令等

8 国際条約を無視して細胞を国外輸送しようとしていませんか？

Case

常識度 ★☆☆☆☆　　危険度 ★★★★★

大学院生Sさんは，自分が樹立したコモンマーモセット由来細胞の論文がやっと雑誌に掲載され，喜んでいました．さらにその論文を読んだ海外の研究者から「細胞に興味があるので共同研究をしたい．細胞を送ってほしい．」とのメールが届きました．Sさんは，自分の研究が注目されて嬉しかったこと，教授が出張で不在中であったこともあり，「教授と相談してから正式に返事はしますが，たぶん，大丈夫だと思います．」と返事を出しました．翌日，ラボに戻った教授に報告すると「海外との共同研究や細胞の送付については自分で判断して返事をしてはいけない．」と渋い顔で言われてしまいました．Sさんは，喜んでくれると思っていた教授がすぐに許可を出してくれない理由が全くわかりませんでした．ラボには，海外から共同研究者が絶えず訪問し，ラボのメンバーは頻繁に細胞を海外へ送っているのに，なぜ自分は共同研究ができないのでしょうか．

キーワード ▶ 安全保障貿易管理，ワシントン条約

海外との共同研究，細胞を輸出（輸入）する時に注意すること

　細胞およびその派生物を国外へもち出す（輸送および自身での搬送）には，細胞を用いた研究に関する法令・指針など（第4章-9参照）の他に，次の2つの法令，条約に該当するかを確認する必要があります．

1 安全保障貿易管理とは

安全保障貿易管理

> 「武器や軍事転用可能な貨物・技術が，我が国及び国際社会の安全性を脅かす国家やテロリスト等，懸念活動を行うおそれのある者に渡ることを防ぐため，先進国を中心とした国際的な枠組み（国際輸出管理レジーム）を作り，国際社会と協調して輸出等の管理を行っています．
> 我が国においては，この安全保障の観点に立った貿易管理の取組を，外国為替及び外国貿易法に基づき実施しています．」（経済産業省のホームページ：http://www.meti.go.jp/policy/anpo/gaiyou.html より引用）

大学，公的機関の研究者であっても，輸出あるいは海外へもち出す貨物・技術が規制に該当するかどうかを確認することが必要です．

規制に該当する貨物の輸出（武器そのものだけでなく，高性能な機械・装置，生物兵器の原料となる細菌，軍事的に転用可能な貨物など），技術の提供（これらの開発，製造，貯蔵に関係する技術など，国内における非居住者への提供も含む）をする際には，事前に経済産業大臣の許可を取得することが必要です．

許可が必要なものを無許可で輸出や提供をすると，罰金や懲役などの刑事罰，該当機関の輸出禁止などの行政制裁を受けることになります．

2 ワシントン条約とは

ワシントン条約（CITES：Convention on International Trade in Endangered Species of Wild Fauna and Flora／絶滅のおそれのある野生動植物の種の国際取引に関する条約）

> 「自然のかけがえのない一部をなす野生動植物の一定の種が過度に国際取引に利用されることのないようこれらの種を保護することを目的とした条約です．」（経済産業省のホームページ：http://www.meti.go.jp/policy/external_economy/trade_control/boekikanri/cites/ より引用）

附属書Ⅰ，Ⅱ，Ⅲに掲載されている動植物および派生物を輸出または輸入（輸出入）する際は，事前に経済産業省の承認を得ることが必要です．規制対象となる動植物および派生物には，生きている動植物のみならず，

表　ワシントン条約による国際取引規制

附属書Ⅰ	絶滅のおそれのある種で取引による影響を受けているまたは受けるおそれのあるもの
	・学術研究を目的とした取引は可能 ・輸出国・輸入国双方の許可書が必要
附属書Ⅱ	現在は必ずしも絶滅のおそれはないが，取引を規制しなければ絶滅のおそれのあるもの
	・商業目的の取引は可能 ・輸出国政府の発行する輸出許可書などが必要
附属書Ⅲ	締約国が自国内の保護のため，他の締約国・地域の協力を必要とするもの
	・商業目的の取引は可能 ・輸出国政府の発行する輸出許可書または原産地証明書などが必要

これらの動植物の細胞，組織切片，抽出したDNAも含まれます．

経済産業省に事前に申請せずに輸出入すると，該当機関の輸出入の自粛などの行政制裁を受けることになります．附属書Ⅰ，Ⅱ，Ⅲに掲載された種については，それぞれの必要性に応じた国際取引の規制があります（表）．

コラム

国際交流が軍事技術の提供？!

安全保障貿易管理の「技術の提供」には，下記のような活動も含み，提供形態・手段についても文書，磁気媒体，ビデオ，電話，FAX，メール，ハンドキャリーなどが含まれます．

また，外国の研究者や留学生への研究指導などは日本国内であっても規制の対象となる可能性があります．

留学生・外国の研究者への研究指導や研究交流
　実験装置の貸与・試作，授業・会議・打合せ，研究指導・技術指導

外国の大学や企業との共同研究
　実験装置の貸与，技術情報の提供，会議・打合せ

学術研究を目的とした研究試料などの送付・持ち出し
　サンプル品の送付・持ち出し，自作の研究機材の携行

外国からの施設見学
　研究施設の見学，研究内容の説明
　工程説明・説明資料配布・実験機器の説明・研究

外国の研究者などが参加する非公開の後援会・展示会
　技術情報の口頭発表，技術情報のパネル展示

（経済産業省　安全保障貿易管理に関するリーフレット「先生!!ちょっと待ってください！」より）

安全保障貿易管理・ワシントン条約の実際

事前に必ず所属機関の安全保障貿易管理を行っている部署に相談しましょう．

1 安全保障貿易管理

大臣の許可が必要かどうかを確認するには

- 輸出する物・技術などが大量破壊兵器の製造，開発に使われるかどうか
- 相手先でどのように使われるか
- 国あるいは，組織あるいは機関が規制の対象になっていないかどうか

を確認します．具体的には，経済産業省安保ホームページから下記の3つに該当するかどうかを確認してください．

①**リスト規制**：武器および大量破壊兵器などの開発に用いられる恐れの高いものを規制

②**リスト規制に該当しない場合**

　キャッチオール規制：リスト規制に該当しない全品目（ただし，食料品，材木などは除く／輸出管理を厳格に実施している27カ国（ホワイト国）を除く地域

　外国ユーザーリスト：輸出先の組織名および懸念区分の記載

まず，規制に該当する貨物，技術提供が①リスト規制に該当するか否かを判定（該非判定）し，該当しない場合には，②キャッチオール規制，外国ユーザーリストを確認します．①または②に該当する場合は，必要書類をそろえて経済産業省に許可申請をします．①②に該当しない場合は，許可申請は不要となります．

許可申請を必要としない場合でも，該非判定書などの作成，保管が必要となりますので，事前に必ず所属機関の安全保障貿易管理を行っている部署に相談しましょう．

2 ワシントン条約

輸出入する動植物および派生物が附属書Ⅰ，Ⅱ，Ⅲに掲載されているかを確認します．附属書Ⅰに掲載されている動植物については，国内取引（学術研究目的の譲渡なども含む）も規制されていますので，詳しくは，環境省のホームページも確認してください．

CaseのSさんの樹立したコモンマーモセット細胞は，附属書Ⅱに該当しま

す．附属書Ⅱに沿った輸出申請書類が必要ということになりました．

　国内外を問わず細胞および派生物をある機関から別の機関へ移動する場合には，さまざまな手続きが必要となります．研究に使用している材料がどのような法令・指針（第4章-9参照）に該当するかを知ることは重要です．

（西條　薫）

細胞の声
輸出入　安保管理と　ワシントン条約
学術研究目的であっても細胞の輸出入は例外なく規制対象になります．関連資料を熟読しましょう．

参考文献

経済産業省ホームページ 安全保障貿易管理：http://www.meti.go.jp/policy/anpo/index.html

経済産業省ホームページ ワシントン条約：http://www.meti.go.jp/policy/external_economy/trade_control/boekikanri/cites/index.htm

環境省ホームページ 種の保存解説：https://www.env.go.jp/nature/yasei/hozonho/index.html

政府広報オンライン お役立ち情報 稀少な野生生物を守るために「種の保存法」が改正：http://www.gov-online.go.jp/useful/article/201312/2.html

第4章 細胞利用に関する規制を知っていますか？　XVI 国際条約と国内の法令等

9 細胞利用に関連する法令や指針を守っていますか？

Case

常識度 ★☆☆☆☆　危険度 ★★★★☆

大学院生のN君はiPS細胞から血液細胞を分化誘導する研究をしていました．研究を開始するにあたって，自分が使うiPS細胞はレトロウイルスによって山中4因子を導入して樹立された細胞であるが，組換え生物には該当しない旨を大学内の担当部署で確認していました．iPS細胞から目的の血液細胞を分化誘導することが再現性をもって可能となったN君は，分化誘導した血液細胞をマウスに移植して機能を解析する実験を計画しました．マウス飼育施設の担当者に，移植実験用の自分のスペースをもらえるか問い合わせたところ，実験の内容を問われ，N君は説明しました．すると，担当者から「そのiPS細胞を移植したマウスは遺伝子組換えマウスに該当するので，遺伝子組換え用の施設が必要であるが，遺伝子組換え用施設は順番待ちで，数カ月は空かない」と言われ，N君は「え？」と困惑してしまいました……．

キーワード▶動物実験

細胞を用いた研究に関連する法令と指針

細胞を用いた研究に関して注意しなければいけない事項は，大きく分けると
- 「遺伝子組換え生物に関する事項」（第4章-5参照）
- 「ヒトゲノム・遺伝子解析研究に関する事項」（第4章-6参照）
- 「細胞を臨床に用いる場合の事項」
- 「実験動物を用いる場合の事項」

表　細胞利用および動物実験に関する法令・指針など

法令・指針	発出官庁	URL
遺伝子組換え生物等の使用等の規制による生物の多様性の確保に関する法律	財務省・文部科学省・厚生労働省・農林水産省・経済産業省・環境省	http://law.e-gov.go.jp/htmldata/H15/H15HO097.html
ヒトゲノム・遺伝子解析研究に関する倫理指針	文科省，厚労省，経産省	http://www.lifescience.mext.go.jp/files/pdf/n1115_01.pdf
人を対象とする医学系研究に関する倫理指針	文科省，厚労省	http://www.lifescience.mext.go.jp/files/pdf/n1443_01.pdf
ヒト幹細胞を用いる臨床研究に関する指針	厚労省	http://www.mhlw.go.jp/file/06-Seisaku-jouhou-10800000-Iseikyoku/0000063418.pdf
手術等で摘出されたヒト組織を用いた研究開発の在り方	厚労省	http://www1.mhlw.go.jp/shingi/s9812/s1216-2_10.html
遺伝子治療臨床研究に関する指針	厚労省	http://www.mhlw.go.jp/file/06-Seisaku-jouhou-10600000-Daijinkanboukousei-kagakuka/sisin.pdf
機関内倫理審査委員会の在り方について	科学技術・学術審議会 生命倫理・安全部会	http://www8.cao.go.jp/cstp/tyousakai/life/haihu22/siryou5.pdf
動物の愛護及び管理に関する法律	環境省	http://law.e-gov.go.jp/htmldata/S48/S48HO105.html
実験動物の飼養及び保管並びに苦痛の軽減に関する基準	環境省	http://www.env.go.jp/nature/dobutsu/aigo/2_data/nt_h180428_88.html
動物の殺処分方法に関する指針	環境省	http://www.env.go.jp/nature/dobutsu/aigo/2_data/laws/shobun.pdf
実験動物の飼養及び保管並びに苦痛の軽減に関する基準	環境省	http://www.env.go.jp/nature/dobutsu/aigo/2_data/laws/nt_h25_84.pdf
研究機関等における動物実験等の実施に関する基本指針	文科省	http://www.mext.go.jp/b_menu/hakusho/nc/06060904.htm
厚生労働省の所管する実施機関における動物実験等の実施に関する基本指針	厚労省	http://www.mhlw.go.jp/general/seido/kousei/i-kenkyu/doubutsu/0606sisin.html
農林水産省の所管する研究機関等における動物実験等の実施に関する基本指針	農林水産省	http://www.maff.go.jp/j/press/2006/pdf/20060601press_2b.pdf

の4種類かと思います．関連する法令と指針を表に示しますので，自分の研究に関係するものは一読しましょう．

　Caseの場合を説明します．培養細胞は生物には該当しません．したがって，組換え生物にも該当しません．例外としては，もしその培養細胞が遺伝子組換えウイルスを産生するような細胞であった場合には，その培養系に遺伝子組換え生物としてのウイルスが存在することになりますから，培養系そのものを遺伝子組換え生物として扱う必要があります．iPS細胞を培養して

いるのみならば，その細胞の中にどのような外来遺伝子が導入されていても，遺伝子組換え生物には該当しません．しかし，外来遺伝子（組換え遺伝子）がゲノムに組み込まれた状態のiPS細胞をマウスに移植した場合には，細胞に内包されているとは言え，そのマウスが組換え遺伝子を体内に所有することになりますから，移植を受けたマウスは遺伝子組換え生物として扱う必要があります．

　細胞培養に関連する実験として実験動物を用いるケースをもう少し詳しく解説すれば，大きく分けて2種類あります．
　①実験動物から研究用の組織や細胞を入手する
　②細胞の特性解析の一環として実験動物への移植実験を行う
近年では，トランスジェニックマウスやノックアウトマウスなど（特定の遺伝子を外来性に発現しているマウスや特定の遺伝子を欠損しているマウスなど）が研究に広く利用されており，研究目的によっては，そうしたマウスに由来する細胞が有用なものとなります．こうしたマウスのほとんどは遺伝子組換え生物に該当しますので，購入して利用する場合には，所属機関の担当部署に必ず相談しましょう．多くの機関では，すでにマウスの購入手続きに関する手順ができているものと思います．

　また，培養細胞の特性解析の一環として実験動物への移植実験を行うことも古くから行われている標準的な実験です．たとえば，ヒトがん細胞株のマウスへの移植によって，悪性度を検討したり，移植個体内で抗がん剤の効果を観察したりします．ヒト細胞をマウスへ移植することは異種動物への移植であり，基本的には拒絶されてしまい移植は不能です．そこで利用されているのが免疫不全マウスです．古くから利用されている免疫不全マウスにヌードマウスがあります．近年では，SCID（severe combined immunodeficiency）マウス，NOD（non-obese diabetic）マウス，NOD-SCIDマウス，NOGマウス（NOD-SCIDマウスにおいてIL-2受容体などの共通ガンマ鎖を欠損しているマウス）などが汎用されています．NOGマウス以外は自然発生した免疫不全マウスであり組換え生物には該当しませんが，NOGマウスは人工的に開発したマウスであり，組換え生物としての利用が必要です．

ゲノム編集技術

　CRISPR/Cas9によるゲノム編集技術をご存知でしょうか？ほぼすべての生命科学研究分野を席巻している技術で，従来に比べて非常に簡便かつ安価に特定のゲノム部位を編集できる技術です．詳細は他書を参照していただくとして[1,2]，大雑把に言うと，ガイドRNAによって目的の編集部位を標的とし，そこにCas9という酵素がリクルートされて2本鎖DNAを切断するシステムです．切断後に1塩基から数十塩基が欠損することで，特定遺伝子の欠損を作製できます．両方の遺伝子座が同様な編集を受ければ，特定遺伝子完全欠損細胞（ノックアウト細胞）を作製できるのです．また，切断後に外来遺伝子を組み込むことで，遺伝子置換（ノックイン）する技術も急速に進展しています．

　さて，この技術は規制の対象になるのでしょうか．本来あった遺伝子が欠落しても，外来遺伝子が導入されても，培養細胞は「生物」ではありませんから，作出されたゲノム編集細胞は規制の対象にはなりません．一方で，この技術をマウスに応用した場合には少し複雑です．本来あった遺伝子が欠落しても，それは遺伝子組換えマウスには該当しませんが，外来遺伝子が導入されるような編集を行った場合には，遺伝子組換えマウスに該当します．注意してください．

　2015年現在，中国でヒト受精卵に対してゲノム編集技術を用いたことが大きな話題となっています．社会的なコンセンサスが形成される前に，技術・科学が先走っている典型的なケースかと思われます．「法律とは最低限のルールであり，それを守っていれば十分というものではない．」という言葉をよく耳にします．これは生命科学研究に関する法令や指針にも当てはまることです．法令や指針で禁止されていないことは何をやってもよいということにはなりません．社会的なコンセンサスを得ていない研究を行う場合には，関係者とよく相談して検討しましょう．

（中村幸夫）

> **細胞の声**
> ## 実験前　一度は読もう　法令・指針
> 細胞を扱う際は当事者意識をもって法令・指針を遵守し
> 楽しい培養ライフを送りましょう！

第4章

参考文献

1）実験医学2014年7月号『ゲノム編集の新常識！ CRISPR/Casが生命科学を加速する』（畑田出穂／企画），羊土社，2014
2）『今すぐ始めるゲノム編集』（山本 卓／編），羊土社，2014

おわりに

マックス・ヴェーバーの「職業としての政治」という本を知っていますでしょうか．その高尚な内容をここで紹介するつもりはありませんが，「職業としての研究」という言葉を考えてみませんか．

ある程度の規模で研究を行うには費用が必要であり，その起源は貴族のポケットマネーであったと聞いたことがあります．ポケットマネーで実施する研究は，「趣味としての研究」であって何の問題もありません．しかし，現在では，学生以外で研究を行う者の多くは給料をもらって研究をしています．即ち，職業として研究を行っています．そこには，給料を支払う主体者の意向があって当然です．例えば，営利機関の研究者であれば，所属機関の営利につながる研究を行う事が第一義的な目的となります．言うまでもなく，営利機関であっても，社会貢献という高邁な目的は持っているわけですが．

一方で，公的機関の研究者に給料を支払う主体者は納税者です．国が豊かな時代には，真理探究型の研究（応用には直結しないような研究）も盛んに行うことが可能ですが，そうでない時代には，応用指向型の研究（社会貢献が明瞭な研究）が重要視されます．いずれにしても，公的機関で研究を行うことは，公費を使って研究をすることであり，学生が行う研究も，その費用は公費で賄われます．公費を使った研究の一番大きなノルマは，

その成果を世の中に公表することです．そして，その成果が科学的に秀逸なものであればあるほど，意義深いものとなります．

細胞培養を用いた研究成果を世の中に公表し，高い評価を得るためには，その内容の新規性が高いことも勿論重要なのですが，実験再現性を確保していることも必須です．例えば，iPS細胞樹立技術が素晴らしかったのは，その技術の新規性と応用可能性に加えて，世界中のどこの研究室でも容易に樹立可能であるという再現性の高さでした．

ここまでお読みくださった読者の方なら，自分の培養は「大丈夫」と自信をもっていただけるものと思います．本書が，皆さんがこれから公表することになる研究成果の再現性を担保することに少しでも貢献できれば幸甚です．

中村幸夫

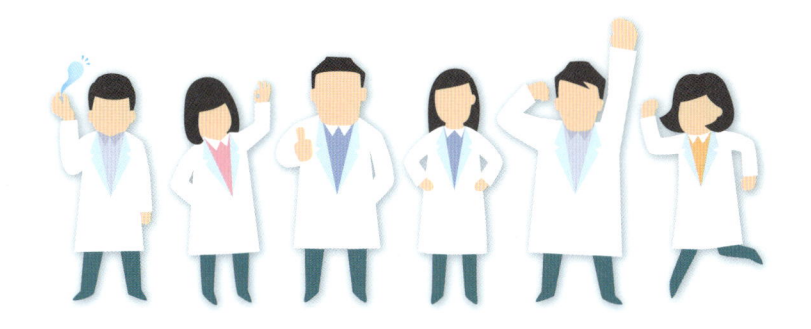

付表ダウンロードのご案内

本書78ページ（第1章-16）に掲載されているチェックリスト，103ページ（第2章-4）に掲載されている表を，データでダウンロードして皆様の培養にご活用いただけます．詳しい方法については右ページをご覧ください．

円滑な培養開始のために必要な情報がちゃんと集まっているか？ このリストに沿って確認すれば完璧です．

論文投稿の際には培養情報の提出が必要！ この表に沿って記録しておけば，いざという時に安心です．

❶ お持ちのコンピューターのインターネットブラウザで，小社ホームページ「実験医学online（www.yodosha.co.jp/jikkenigaku/）」にアクセスしてください．

❷ 書籍検索窓に本書のタイトル『あなたの細胞培養、大丈夫ですか?!』を入力し（キーワードは『細胞培養』などでもOK），検索してください．

❸ 表示される『あなたの細胞培養、大丈夫ですか?!』の詳細ページから，データをダウンロードいただけます．

お使いのコンピューターの環境によっては，正常にダウンロードいただけない可能性もございます．あらかじめご了承ください．

索引

アルファベット

Airジャケット（ダイレクトヒート）タイプCO_2インキュベーター······55
BSL2······167
CO_2インキュベーター······53
CO_2ボンベ······56
DME······20
DMEM······20
DMSO······139
Earle液······13
Eagleの最少必須培地······13
EBSS······13
ED50······36
EMEM······13, 20
ES細胞······145, 188
×g······61
Ham's F12······20
Hanks液······13
HBSS······13
HEPAフィルター······50
HEPES······18
iPS細胞······145, 188, 202
L-alanyl L-glutamine······18
Material Transfer Agreement······204
MEM······20
MTA······204, 207
PDL······122
RCF······61
rpm······61
RPMI 1640······20
Short Tandem Repeat解析······174
split ratio······80
STR解析······174
TATAI血球計算盤······113
TERT······202
unit······36
Vitrification法······90
WaterジャケットタイプCO_2インキュベーター······55

あ行

亜株······196
安全キャビネット······51
安全操作······49
安全保障貿易管理······229
アンフォテリシンB······32
移植実験······235
位相差顕微鏡······65
遺伝子組換え細胞······216
遺伝子組換え生物の除外······218
イメージングカウンティング法······107
インフォームド・コンセント（IC）······219
ウイルス産生細胞······166
ウイルススクリーニング検査······168
ウイルスチェック······165
営利目的利用······210
液化窒素／液体窒素······148
遠心回転数······61
遠心機の点検······63
遠心条件······61
オーバーグロース······100
温度感受性変異株······54

か行

海外発送······88
開放培養系······43
改良Neubauer血球計算盤······112
火炎滅菌法······69
核型······178
加湿用水······57
ガラス化法······90, 146
カルタヘナ法······216
がん細胞······190
感染性ウイルス······169
感染性廃棄物······73
完全培地······15
乾熱滅菌法······70
緩慢冷却法······144
既製培地······12
基礎培地······15, 16
寄託制度······203
教育訓練······215
共同研究······209
クライシス······82
クリーンベンチ······50
グルタミン不含······12
クローン技術······225
クロスコンタミネーション······172

馴化	39	
継代数	122	
継代培養（継代）	114, 119	
継続培養中の休暇	98	
血球計算盤	112	
血清	25	
ゲノム編集技術	236	
検疫証明書	89	
研究材料移転同意書	204	
研究費浪費	198	
高圧蒸気滅菌法	70	
抗生物質	29	
酵素処理	120	
抗代謝作用	30	
酵母汚染	157	
コールター法	106	
国内発送	87	
個体差	137	
コンタミネーション（コンタミ）	95, 156	
昆虫細胞	54	
梱包	85	

さ行

細菌汚染	157
再現性	92
財産権	200
再凍結	142
サイトカイン依存性	35
細胞外マトリックス	44
細胞株とは	84
細胞誤認	172
細胞集団倍加回数	122

細胞の情報	77
細胞の入手方法	75, 205
細胞バンク	76
細胞分散培養法	136
細胞分離	135
細胞利用および動物実験に関する法令・指針	234
産業廃棄物	73
紫外線滅菌法	71
実験の記録	198
実用新案権	201
至適pH	22
自動細胞計数装置	105
ジメチルスルホキシド	139
シャーレ	43
写真	67
重炭酸イオン	22
受託試験機関での細胞利用	210
寿命	132
使用条件	208
初代培養細胞	135
所有権	201
真菌汚染	157
シングルセル	179
スウィングローター	62
スクレイパー	120
ストック	153
ストレプトマイシン	32
生物（由来）試料	214, 235
生命倫理	224
セルカウンター	105
セルデブリス	158

セレクション	32
染色体解析	177
染色体標本	179
増殖曲線	110
組織片培養法	135

た行

第三者分与	206
耐性菌	30
多能性幹細胞	145, 188
短期培養細胞	202
炭酸水素ナトリウム	17
知的財産権	201, 206
長期培養	92
長期培養細胞	202
超低温フリーザー	148
鳥類の細胞	54
提供条件	203
凍結保護剤（凍害防御剤）	139
凍結保存	139, 144
凍結保存液	141
凍結保存容器	149
特許権	201
ドライアイス	86
ドライシッパー	89
取り違い	194
トリパンブルー染色	109

な行

ナノバクテリア	158
難培養細胞	126
熱非働化	27

索引

は行

- バイオセーフティレベル
  （BSL）……………………… 212
- 培地系統 ……………………… 40
- 培養環境 ……………………… 45
- 培養機器・器具 ………… 42, 46
- 培養記録 ……………………… 101
- 培養準備 ……………………… 77
- 培養ストレス ………………… 191
- 培養チェック項目リスト …… 77
- 培養による変化 ……………… 191
- 発現解析（mRNA）………… 183
- 発現解析（タンパク質）…… 185
- バンク登録 …………………… 194
- 半浮遊／付着細胞 …………… 129
- 比活性 ………………………… 37
- 微生物汚染 …………………… 29
- 必須アミノ酸 ………………… 14
- ヒトES/iPS細胞の倫理に
  関する法令・指針 ………… 224
- 非必須アミノ酸 ………… 14, 18
- ヒト（由来）試料
  …………………… 170, 213, 220
- ヒトゲノム・遺伝子解析研究に
  関する倫理指針 …………… 219
- ヒトテロメラーゼ逆転写酵素
  ……………………………… 202

- 標準組成 ……………………… 20
- ピルビン酸ナトリウム ……… 19
- 品質管理 ……………………… 199
- フィブロネクチン …………… 44
- フェノールレッド …………… 18
- 不均一 …………………… 92, 192
- 不死化 ………………… 83, 99, 134
- 付着細胞 ……………………… 119
- 浮遊細胞 ……………………… 115
- プライマリー細胞 …… 132, 135
- フラスコ ……………………… 43
- フロン排出抑制法 …………… 63
- 分化能解析 …………………… 189
- 分化誘導実験 ………………… 187
- 分裂限界 ……………………… 132
- 閉鎖培養系 …………………… 43
- ヘテロ性 ……………………… 192
- ペニシリン …………………… 32
- 保存記録 ……………………… 150
- ポリエチレンイミン ………… 44

ま行

- マイコプラズマ汚染 …… 30, 160
- マイコプラズマ検査法 ……… 162
- マイコプラズマ除去薬 ……… 163
- マスターストック …………… 153

- 密栓培養 ……………………… 54
- 未培養細胞 …………………… 201
- 未分化性チェック …………… 188
- 無菌操作 ……………………… 95
- 命名 …………………………… 194

や行

- 融解 …………………………… 142
- 有限増殖細胞 ………………… 82
- 輸出入 ………………………… 228
- 輸送方法 ……………………… 85
- 輸入許可証 …………………… 89

ら行

- ラミニン ……………………… 44
- リスク分類 …………………… 213
- 利用条件 ……………………… 203
- 臨床サンプル ………………… 171
- 倫理審査 ……………………… 220
- 濾過滅菌法 …………………… 71
- ロットチェック ……………… 26
- 論文投稿規程 ………………… 197

わ行

- ワシントン条約 ……………… 229

監修者・編者プロフィール

監修

中村幸夫 (なかむら ゆきお)

理化学研究所バイオリソースセンター細胞材料開発室室長．新潟大学医学部卒業．4年間の臨床医経験を経て基礎研究分野に入る．
最初に取り組んだ研究は，白血病細胞から細胞株を樹立することだった．培養開始当初から細胞は勢いよく増殖，数週間が経ってもその勢いを持続し，先輩研究者に「樹立できそうです！」と意気揚々と話したところ，「う〜ん．樹立できたらビギナーズラックだね」と言われた．「絶対に樹立してやる！」と頑張ったものの，3ヶ月後にあえなく撃沈（いわゆる増殖クライシスを起こして死滅）．がん細胞株は容易に樹立できるものではないことを痛感．以来，細胞株がきわめて貴重な研究資源である事の認識と，樹立者に対する敬意と感謝の念を持ち続けている．

編集

西條　薫 (さいじょう かおる)

理化学研究所バイオリソースセンター細胞材料開発室事業推進ユニット ユニットリーダー．理化学研究所細胞バンク事業の立ち上げから関わり現在に至る．細胞が元気かどうかをどのように判断していますか．継代を行った翌日，融解後の翌日は，その操作が適切であったかどうかをきちんと観察していますか．細胞を顕微鏡で観察することで得られる情報はたくさんあります．例えば，こちらが慌ただしく継代した翌日は，容器内に細胞が均一に播種できていなかったり，トリプシン処理が不十分でコロニー状に接着していたりします．ぜひ，「細胞と対話する」ことを心掛けて観察をお願いします．この本が少しでも「細胞と対話する」ことの参考になればと思います．

小原有弘 (こはら ありひろ)

国立研究開発法人医薬基盤・健康・栄養研究所培養資源研究室研究リーダー．名古屋市立大学薬学研究科修了，博士（薬学）．
私が細胞を初めて培養したのは大学4年生の時でした．私が所属した研究室は薬学部の有機合成を行う研究室で，合成した化合物の薬効評価や毒性評価に細胞を用いていました．細胞バンクで研究を始めて10年経った今から考えると随分と間違った培養をしていたものだと反省しています．こんな間違いを少しでも正すことができればと思ったのが，この本の執筆・編集に繋がっています．これから研究者を目指す方の良き参考書になることを期待しています．

あなたの細胞培養、大丈夫ですか？!
ラボの事例から学ぶ結果を出せる「培養力」

2015年10月20日　第1刷発行

監　修　中村幸夫
編　集　西條　薫
　　　　小原有弘
発行人　一戸裕子
発行所　株式会社　羊　土　社
　　　　〒101-0052
　　　　東京都千代田区神田小川町2-5-1
　　　　TEL　　　03（5282）1211
　　　　FAX　　　03（5282）1212
　　　　E-mail　eigyo@yodosha.co.jp
　　　　URL　　　http://www.yodosha.co.jp/
印刷所　株式会社　平河工業社
広告取扱　株式会社　エー・イー企画
　　　　電話番号　東京03（3230）2744（代）

© YODOSHA CO., LTD. 2015
Printed in Japan
ISBN978-4-7581-2061-6

本書に掲載する著作物の複製権，上映権，譲渡権，公衆送信権（送信可能化権を含む）は（株）羊土社が保有します．
本書を無断で複製する行為（コピー，スキャン，デジタルデータ化など）は，著作権法上での限られた例外（「私的使用のための複製」など）を除き禁じられています．研究活動，診療を含み業務上使用する目的で上記の行為を行うことは大学，病院，企業などにおける内部的な利用であっても，私的使用には該当せず，違法です．また私的使用のためであっても，代行業者等の第三者に依頼して上記の行為を行うことは違法となります．

JCOPY　＜（社）出版者著作権管理機構　委託出版物＞
本書の無断複写は著作権法上での例外を除き禁じられています．複写される場合は，そのつど事前に，（社）出版者著作権管理機構（TEL 03-3513-6969，FAX 03-3513-6979，e-mail：info@jcopy.or.jp）の許諾を得てください．

あなたの細胞培養、大丈夫ですか?!

関連広告のご案内

「実験医学online」内の本書詳細ページにて資料請求が可能です.
http://www.yodosha.co.jp/jikkenigaku/

INDEX

- コーニングインターナショナル(株) 後付14
- サーモフィッシャーサイエンティフィック
  ライフテクノロジーズジャパン(株) 後付16
- 三洋貿易(株) 後付13
- 十慈フィールド(株) 後付12
- タカラバイオ(株) 後付7
- 日本ジェネティクス(株) 後付6
- フリューダイム(株) 後付3
- ブルックス・ジャパン(株)
  ブルックス ライフ サイエンス システムズ事業部 後付16
- プロメガ(株) 後付5
- メルク(株) 後付15
- ロンザジャパン(株) 後付17
- ワケンビーテック(株) 後付4
- (株)ワンビシアーカイブズ .... 後付1〜2

※五十音順

wanbishi ARCHIVES 豊田自動織機100％子会社

QUESTION！ あなたの**細胞保管、大丈夫**ですか？

医薬品の創薬や再生医療研究に欠かせない細胞の管理には様々な**リスク**が伴います・・・

地震・津波

世界有数の地震大国日本。棚が倒れる危険がある震度5以上の地震は常に発生するリスクがあります。また、海沿いの地域では津波のリスクもあり、**地震と津波の発生を前提とした備え**を行う必要があります。
近年では富士山噴火の可能性もあり、自然災害対策は喫緊の課題であると言えます。

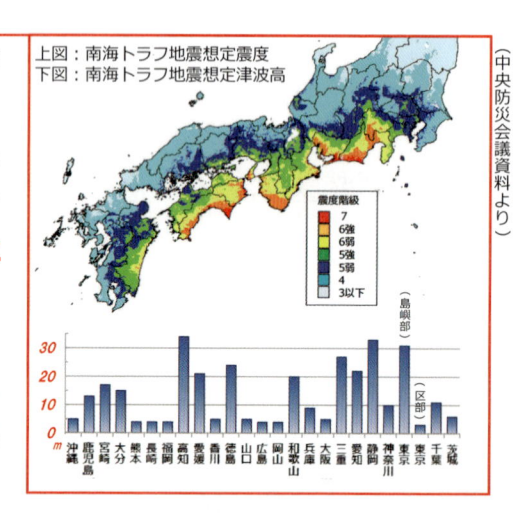

上図：南海トラフ地震想定震度
下図：南海トラフ地震想定津波高

（中央防災会議資料より）

紛失・取り違い・温度上昇 ！

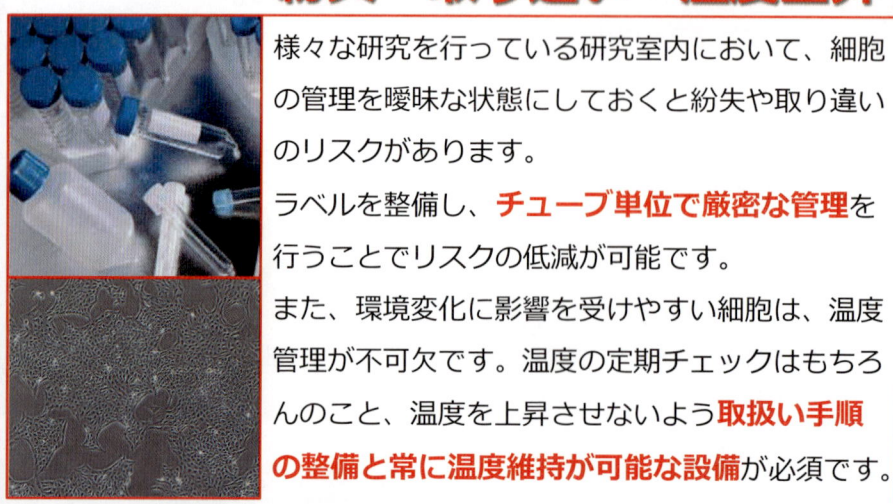

様々な研究を行っている研究室内において、細胞の管理を曖昧な状態にしておくと紛失や取り違いのリスクがあります。

ラベルを整備し、**チューブ単位で厳密な管理**を行うことでリスクの低減が可能です。

また、環境変化に影響を受けやすい細胞は、温度管理が不可欠です。温度の定期チェックはもちろんのこと、温度を上昇させないよう**取扱い手順の整備と常に温度維持が可能な設備**が必須です。

WANBISHI ARCHIVES CO.,LTD.

SOLUTION！

大切な細胞を**安全に長期保管**できます！

情報資産管理事業で長年培った機密書類保管のノウハウを活かし、細胞の**保管に最適な環境を提供**します。

》》》 **リスクを排除**した保管施設

- ◆ 地質調査を行った非常に**堅固な地盤**に立地
- ◆ 都心から60km以上離れ、**津波リスクなし**
- ◆ 徹底した**アクセス権管理**により、部外者を排除

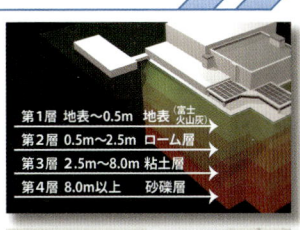

第1層	地表～0.5m	地表（富士火山灰）
第2層	0.5m～2.5m	ローム層
第3層	2.5m～8.0m	粘土層
第4層	8.0m以上	砂礫層

自然災害に強く、セキュリティも万全！

》》》 **細胞の取扱いに精通**したサービス体制

- ◆ 紛失・取り違いを防止する**専用のSOP**を整備
- ◆ **バーコード認証**により、細胞を正確に識別・管理
- ◆ **温度管理を熟知**した自社社員がオペレーション
- ◆ 自社の特装車両で**輸送中も温度管理**を実施
  （免震機能を備えた輸送も可能）

細胞管理における過失を確実に防止！

情報資産管理のリーディングカンパニーが提供する　日本初の細胞保管サービス

お問い合わせ先

株式会社ワンビシアーカイブズ　医療製薬事業推進部
〒105-0001 東京都港区虎ノ門4-1-28 虎ノ門タワーズオフィス
TEL：03-5425-5300　FAX：03-5425-5045
URL：http://www.wanbishi.co.jp

施設見学等お気軽にご相談ください！

FLUIDIGM®

Simplify the complex quest
To understand
and apply biology

複雑・煩雑な培養条件検討から解放されませんか？

Callisto システム

一度に複数の培養条件の検討が可能!!

ソフトウェア イメージ図

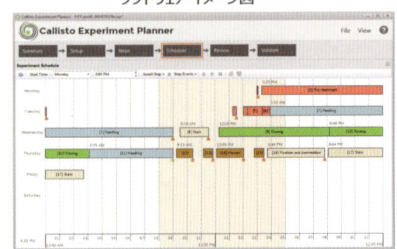

- フリューダイムの IFC（集積流体回路）技術により
  1 枚の IFC アレイ内の 32 個の独立した微細なチャンバーでの
  培養が可能です。

- 各チャンバーごとに、mRNA やウイルス、低分子化合物など
  最大 16 種類の因子によるトランスフェクションやドーズ、
  そのタイミング、培養液の交換などを自由に設定することが可能です。

- お客様の実験に必要な各種培養条件の設定も
  ユーザーフレンドリーなソフトウェア上で簡単に行えます。

ヒト iPS からノシセプターへの分化誘導

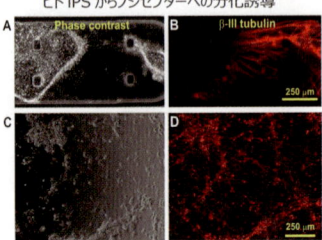

実用的な機能

- 培養エリアのサイズは 1 mm^2 で細胞外マトリックスの
  コーティングや共培養も可能です。

- 微小流路と自動化された培養工程により正確・精密な
  条件検討を資材と労働コストを抑えて実施することが可能です。

- 使用したプロトコル等のエクスポートが可能です。
  文書化の際の煩雑さも軽減されます。

【アプリケーション例】

- 繊維芽細胞への miRNA 及び mRNA の
  組合せ投与による神経細胞への分化誘導
- 疾患モデル細胞への薬物の精密な投与と遺伝子発現解析
- ヒト iPS 細胞への mRNA 及び siRNA の導入とノックダウン
- ヒト iPS 細胞の培養とシングルセル及びバルクサンプルでの
  遺伝子発現解析

【お問い合せ先】

フリューダイム株式会社

〒103-0001 東京都中央区日本橋 15-19 ルミナス 4 階　TEL：03-3662-2150　FAX：03-3662-2154
Email：info-japan@fluidigm.com　　URL：www.fluidigm.co.jp

大切な培養細胞の**凍結** `Freeze` と **融解** `Thaw` 処理の標準化をしませんか？

CoolCell LX
アルコールフリー細胞凍結コンテナー
カタログ番号：BCS-405/405G/405O/405PK

**アルコール、予備冷却不要
-1℃/min凍結処理を確実に処理**

通常価格 ￥29,000

- 予備冷却不要、使用したい時にすぐ使えます
- アルコール不使用で管理の必要がありません
- 一度に12本のクライオチューブを処理できます
- 同心円状のチューブ配置で均一性を保証します
- 処理後も約5分ですぐに再利用が可能です

BCS-405(紫)/405G(緑)/405O(オレンジ)/405PK(ピンク)
※CoolCell使用時には、すべてのスロットにチューブをセットしてご利用ください。

**ウォーターバスを使用せず
再現性の高い融解処理を実行！**

ThawSTAR
凍結細胞融解ステーション
カタログ番号：BCS-601

通常価格 ￥280,000

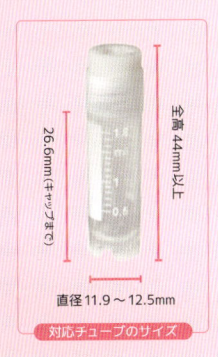

対応チューブのサイズ
26.6mm(キャップ untまで)
全長44mm以上
直径 11.9～12.5mm

- チューブをセットするだけの簡単・自動処理
- コンパクト設計でベンチ内にも設置可能
- 水を使用せずコンタミリスクがありません
- 誰でも簡単に操作ができ、確実な再現性を保証
- トータルの処理は約3分で完了します
- 処理完了時にはポップアップ＆アラームでお知らせ

※ThawSTARの動作は1.8～2mlクライオチューブ、
サンプル量1.0mlで最適化されています。

便利なアクセサリーもどうぞ！

クライオチューブ・トランスポーター
ドライアイスを使用して1時間、サンプルを-78℃に維持します。液体窒素容器やフリーザーからの凍結チューブの搬送に便利です！

クライオチューブ・グリッパー
凍結チューブを簡単に掴める便利なグリッパー。満載のフリーズボックスからのチューブの選別や、手を触れずにサンプルをピックアップできます。

ワケンビーテック株式会社　詳細情報はWebサイトをご覧ください！　http://biocision.wakenbtech.co.jp/

STOP! 細胞誤認

これで安心!!

こうなる前に

細胞認定書 JCRB Cell Bank 認証

すべてはうまくいっていた。HeLa細胞株から発現したY染色体マーカーに気づくまでは

- 実験開始前に!
- 論文投稿時に!
- iPS、ES細胞作成時に!
- 安定発現株樹立時に!

ヒト細胞認証試験受託サービス　STR-PCR

1. 世界有数の細胞バンクJCRB細胞バンクによる信頼性の高い分析報告書（細胞認定書）を発行
2. 圧倒的識別能の16ローカスSTR分析データ（適合頻度100京分の1未満）と、明確な判定結果
3. DNA抽出の必要なし！FTAカードに培養細胞をたらし、封筒に入れて送るだけ（常温OK！）

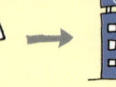

ウェブサイトから申込み → FTAカードが届く → FTAカードに細胞をたらす → 返送 → 解析 → 細胞認定書ゲット！

お申し込み・更に細胞認証をお知りになりたい方は　www.promega.co.jp/hca

システム立ち上げ　ルーチンでたくさんのサンプルを解析したい方はシステム立ち上げのご相談も承ります。弊社テクニカルサービス部までお問合せください。

プロメガ株式会社

Webサイト

Tel. 03-3669-7981　Fax. 03-3669-7982
www.promega.co.jp
テクニカルサービス：Tel. 03-3669-7980　Fax. 03-3669-7982　E-Mail：prometec@jp.promega.com

Promega

バンバンカーシリーズ 細胞凍結保存液 iTEC

無血清タイプ 日本, US, EU特許取得 ロングセラー
バンバンカー
JCRB細胞バンクでの実績あり

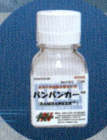

無血清タイプ 遠心操作不要
バンバンカー Direct

無血清タイプ 再生医療用 ゼノフリー、マスターファイル取得中
バンバンカー hRM (human Regenerative Medicine)
ヒトiPS細胞（未分化、分化）での実績あり

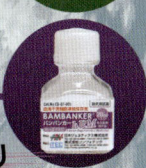

無血清タイプ DMSOフリー
DMSOフリー凍結保存液

2016年1月発売予定！

ユーザー様の製品フィードバックデータは全てWEBに掲載中
データを頂ける方にはサンプル提供いたします

FastGene™ 0.5mL クライオチューブ&ラック

0.5mL クライオチューブ

- 別売の2Dバーコード付インサートにより、サンプル融解不要でいつでもバーコード管理ができます。
- 自立型（チューブ内部は丸底仕上げ）
- チューブ高わずか22.3mm
- 温度範囲：−196℃ ～＋121℃

2Dバーコードインサート Coming Soon

SBSフォーム専用チューブラック

Genetics 日本ジェネティクス株式会社 http://www.n-genetics.com

本　　　社：〒112-0004 東京都文京区後楽1丁目4番14号 後楽森ビル18F　Tel. 03(3813)0961　Fax. 03(3813)0962
西日本営業所：〒604-8277 京都府京都市中京区西洞院通御池下ル565番地 ラフィーネ御池3F　Tel. 075(257)5421　Fax. 075(257)5422

再生医療・細胞医療製品の安全性試験をトータルでサポート

細胞の品質試験サービス

タカラバイオは、バリデーション済みの信頼性の高い試験をご提供いたします。

無菌試験
- 第十六改正日本薬局方準拠（直接法）
- バクテアラート法

マイコプラズマ試験
- 第十六改正日本薬局方準拠（PCR法）
- MycoSEQ（qPCR法）

エンドトキシン試験
- 第十六改正日本薬局方準拠（カイネティック比濁法）
- エンドセーフ法

ウイルス試験
- 6種類＋3種類のヒトウイルス試験（qPCR法）
  ※ 東京医科歯科大学 清水則夫先生監修

＜細胞加工の作業例＞

ドナー検査 → 細胞加工、工程内管理試験 → 規格試験 → 出荷

★ 各工程で必要な試験を、ご希望の管理基準でご提供いたします。

that's GOOD science!

詳しくは弊社ウェブサイトをご覧ください。 http://catalog.takara-bio.co.jp/jutaku/

TaKaRa Clontech タカラバイオ株式会社
受託窓口 TEL 077-565-6999

JM031C改

実験医学

バイオサイエンスと医学の最先端総合誌

医学・生命科学の最前線がここにある！

和文総説・実験プロトコール・海外ラボ情報など
研究に役立つ確かな情報を毎号お届けします

【月刊】毎月1日発行　B5判
定価（本体 2,000 円＋税）

【増刊】年8冊発行　B5判
定価（本体 5,400 円＋税）

最新情報をwebサイトやSNSで配信中です
「実験医学」で検索ください

実験医学 online

定期購読受付中

定期購読なら……

1 注目分野を幅広くチェックできます！
　 年間を通じて多彩なトピックを厳選してご紹介します

2 お買い忘れの心配がありません！
　 最新刊を発行次第いち早くお手元にお届けします

3 送料が掛かりません！
　 国内送料は小社が負担いたします

定期購読料　国内送料サービス

・月刊（12冊／年）のみ
1年間 12冊　24,000 円（＋税）

・月刊（12冊／年）＋ 増刊（8冊／年）
1年間 20冊　67,200 円（＋税）

毎号払いでの定期購読もお申し込みいただけます

発行　羊土社 YODOSHA
〒101-0052 東京都千代田区神田小川町2-5-1　TEL 03(5282)1211　FAX 03(5282)1212
E-mail : eigyo@yodosha.co.jp
URL : http://www.yodosha.co.jp/

ご注文は最寄りの書店、または小社営業部まで

細胞培養関連書籍のご紹介

実験医学別冊　目的別で選べるシリーズ
目的別で選べる 細胞培養プロトコール

培養操作に磨きをかける！
基本の細胞株・ES・iPS細胞の
知っておくべき性質から品質検査まで

中村幸夫／編集　　理化学研究所バイオリソースセンター／協力

本書監修の中村幸夫先生のご編集によるプロトコール本．基本の培養操作からコンタミ検査法まで詳述．操作の意味や試薬の役割についても根拠からよくわかる．細胞を自在に扱うコツも充実．

- 定価（本体5,600円＋税）　B5判
- 308頁　ISBN 978-4-7581-0183-7

実験医学別冊　実験ハンドブックシリーズ
改訂 培養細胞実験ハンドブック

基本から最新の幹細胞培養法まで完全網羅！

黒木登志夫／監修　　許 南浩，中村幸夫／編集

初心者から研究者まで培養細胞を扱うあらゆる方に大好評の，培養細胞実験書の決定版．iPS細胞の作製法やES細胞の分化誘導など，再生医療をめざす幹細胞実験まで掲載．

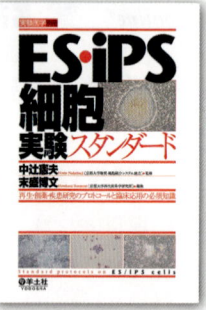

- 定価（本体7,200円＋税）　B5判
- 330頁　ISBN 978-4-7581-0174-5

実験医学別冊
ES・iPS細胞実験スタンダード

再生・創薬・疾患研究のプロトコールと
臨床応用の必須知識

中辻憲夫／監修　　末盛博文／編集

世界トップレベルのラボの具体的ノウハウを集約．判別法やコツに加え，応用へ向けての必須知識も網羅．再生・創薬などにES・iPS細胞を「使う」時代の新定番書．

- 定価（本体7,400円＋税）　B5判
- 358頁　ISBN 978-4-7581-0189-9

発行　羊土社 YODOSHA
〒101-0052 東京都千代田区神田小川町2-5-1　TEL 03(5282)1211　FAX 03(5282)1212
E-mail : eigyo@yodosha.co.jp
URL : http://www.yodosha.co.jp/

ご注文は最寄りの書店，または小社営業部まで

細胞培養関連書籍のご紹介

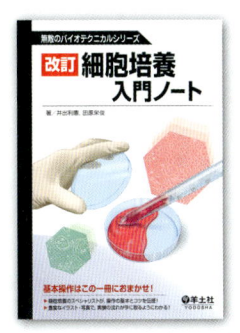

無敵のバイオテクニカルシリーズ
改訂 細胞培養入門ノート

井出利憲, 田原栄俊／執筆

8度の増刷を重ねた大好評書の改訂版. 豊富な写真と細胞培養のスペシャリストによる丁寧な解説で, 操作の意味をきちんと理解しながら基本技術を身につけられる. 初学者だけでなく指導用にも最適の一冊.

- □ 定価(本体4,200円＋税)　□ A4判
- □ 171頁　□ ISBN 978-4-89706-929-6

実験法Q&Aシリーズ
細胞培養 なるほどQ&A
意外と知らない基礎知識＋
とっさに役立つテクニック

許 南浩／編集　　日本組織培養学会, JCRB細胞バンク／協力

Q&A方式で知りたい項目がすぐ探せる好評書. 培養操作の基本から, コンタミなど困った時のトラブル対策まで, 今さら人に聞けない疑問や悩みを即解決.

- □ 定価(本体3,900円＋税)　□ B5判
- □ 221頁　□ ISBN 978-4-89706-878-7

活用ハンドブックシリーズ
細胞・培地 活用ハンドブック
特徴, 培養条件, 入手法などの
重要データがわかる

秋山 徹, 河府和義／編集

分子・細胞生物学, 疾患研究の各分野で頻出する主要な細胞について, 特徴・由来から培養に必要な情報までコンパクトに解説. ハンディサイズで, 辞書として実験書として多目的に使える.

- □ 定価(本体4,500円＋税)　□ B6判
- □ 398頁　□ ISBN 978-4-7581-0718-1

内容見本など, より詳しい情報を小社ホームページ「実験医学online」でご覧いただけます
実験医学onlineへのアクセス方法▶▶▶ URLは www.yodosha.co.jp/jikkenigaku/ を入力いただくか, 「実験医学」で検索ください

手軽に読めて役に立つ羊土社のハンディ版書籍のご紹介

みなか先生といっしょに統計学の王国を歩いてみよう

情報の海と推論の山を越える翼をアナタに！

三中信宏／執筆

「統計は苦手…」な人にこそ読んでほしい一冊．イメージがわかない，数学的な意味がわからない，など陥りやすい疑問をひとつずつ解消しながら，実験系パラメトリック統計学の捉え方を体感．

- □ 定価（本体2,300円＋税） □ A5判
- □ 191頁 □ ISBN 978-4-7581-2058-6

Dr.北野のゼロから始めるシステムバイオロジー

北野宏明／企画・執筆

注目高まる「システムバイオロジー」．その方法論は？ どんな研究に使える？ プログラミングの知識は不要？ 分野の提唱者自らが，医学・創薬応用の事例とともにゼロから解説．

- □ 定価（本体3,400円＋税） □ A5判
- □ 191頁 □ ISBN 978-4-7581-2054-8

あなたと私はどうして違う？ 体質と遺伝子のサイエンス

99.9％同じ設計図から個性や病気が生じる秘密

中尾光善／執筆

背が低い，太りやすい，癌になりやすい…など，誰もが気になる「体質」の不思議を再発見できる科学読本．SNPやエピゲノム，パーソナルゲノム時代の新常識が満載．

- □ 定価（本体1,800円＋税） □ 四六判
- □ 222頁 □ ISBN 978-4-7581-20579

発行　羊土社 YODOSHA　〒101-0052 東京都千代田区神田小川町2-5-1　TEL 03(5282)1211　FAX 03(5282)1212
E-mail：eigyo@yodosha.co.jp
URL：http://www.yodosha.co.jp/

ご注文は最寄りの書店，または小社営業部まで

愛される製品
信頼される技術
BIOLABO
JUJI FIELD INC.

細胞凍結保存液
ラボバンカー®

細胞の凍結保存で、もう悩まない

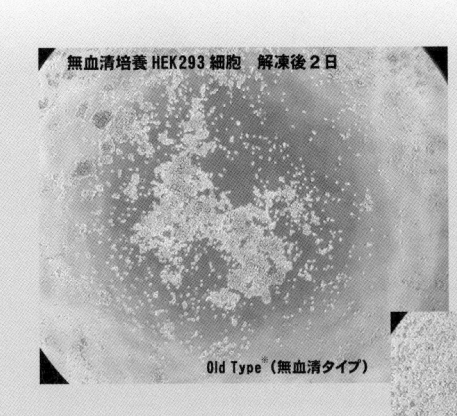

無血清培養 HEK293 細胞 解凍後2日

Old Type※（無血清タイプ）

- 高い凍結保護性能により、一般的な培養細胞から凍結に弱い細胞まで、安心して凍結できるようになりました。

- 血清タイプと無血清タイプがあり、どちらも高い凍結保護性能を持っていますので、自由に使い分けができます。

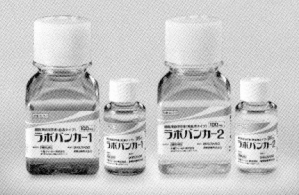

ラボバンカー2（無血清タイプ）

※Old type とは特定の商品を限定するものではありません。

商品名	血清の有無	商品コード	包装	価格
ラボバンカー1	血清タイプ	BLB-1	100ml× 1本	14,000 円
		BLB-1S	20ml× 4本	14,000 円
ラボバンカー2	無血清タイプ	BLB-2	100ml× 1本	12,000 円
		BLB-2S	20ml× 4本	12,000 円

※カタログ及びサンプルを用意しておりますので下記までご連絡ください。

総発売元
BIOLABO 十慈フィールド株式会社

〒103-0001 東京都中央区日本橋小伝馬町14-10 アソルティ小伝馬町Liensビル4階
TEL: 03-6264-9961　　http://www.juji-field.co.jp
FAX: 03-6264-9962　　E-mail: info@juji-field.co.jp

三洋貿易のオンラインバイオセンシング

グルコースバイオセンサー
乳酸バイオセンサー
グルタミン酸バイオセンサー

ワイヤレス通信 NEW

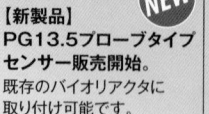

【新製品】
PG13.5プローブタイプセンサー販売開始。
既存のバイオリアクタに取り付け可能です。

CITSens バイオセンサー特長
- グルコース、乳酸、グルタミン酸の費用対効果の高いオンライン細胞培養モニタリング
- CITSens電極による非侵襲的かつリアルタイム計測
- 安定した培養条件、長期安定性
- データのリアルタイム表示
- 無線データ伝送
- 汚染リスクの低減

ミトコンドリア酸素活性/
細胞代謝エネルギー測定装置
OROBOROS Oxygraph-2k NEW

- ミトコンドリア酸素活性分析。
- 細胞代謝エネルギー測定。
- 疾病生体中のミトコンドリア機能評価分析。
- 細胞呼吸におけるPhosphorylationコントロール。
- 単離ミトコンドリアにおけるOXPHOSキャパシティと代謝制御。
- 生理的条件下のミトコンドリア酸素カイネティクスにおけるNO効果。
- ミトコンドリア生理学及び、病理学。

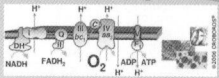

Winpact 細胞培養装置
（バイオリアクター） NEW
キャンペーン中

- リアルタイムグルコースバイオセンサー対応可能
- 光学式酸素モニター対応可能
- 光学式Phモニター対応可能

Winpact バイオリアクターは、大画面簡単タッチ操作、ワイドレンジな仕様により微生物、植物、動物細胞培養他様々な用途に対応可能です。
恒温装置と傾斜翼タイプのインペラのデザインにより、デリケートな細胞でもやさしく撹拌し細胞へのダメージを最小にして長期間培養することができます。

非接触バイオマスモニタリングシステム
SFR Vario NEW

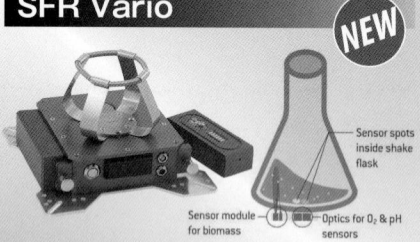

SFR Varioは、既存のシェーカーへ簡単に設置でき、センサー付培養フラスコを用いて酸素濃度とpHを非接触測定し同時に光学密度を測定できます。
更にそれらのデータをワイヤレス通信でPCに収集できます。

SFR Varioバイオマスモニター特長
- 酸素、pH、バイオマス（光学密度）の同時リアルタイム計測
- OUR自動計算
- 4セットまで増設、同時モニター可能
- ワイヤレス通信
- 簡単セットアップ
- 既存のシェーカーに設置可能

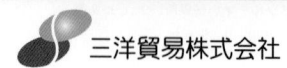

三洋貿易株式会社

科学機器事業部
〒101-0054 東京都千代田区神田錦町2丁目11番地 三洋安田ビル8F
TEL 03-3518-1187　FAX 03-3518-1237
URL：www.sanyo-si.com/　e-mail:info-si@sanyo-trading.co.jp

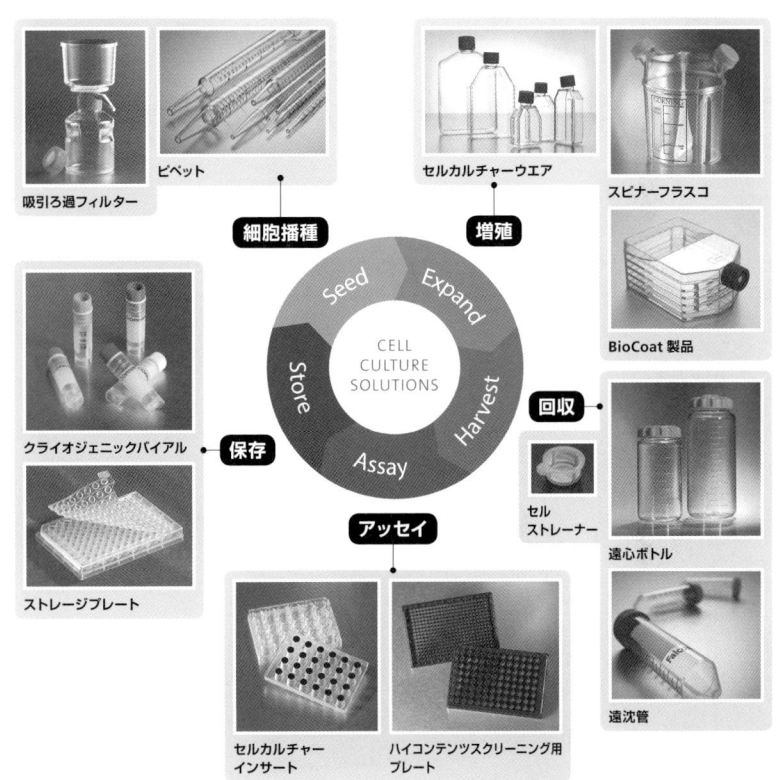

ろ過滅菌から細胞培養まで
フィルターならメルクミリポア

1954年にわずかな従業員とともにスタートしたMillipore Filter Companyは、何百ものフィルター技術を開発して世界的なフィルターメーカーにまで成長しました。USマサチューセッツ州の開発拠点とアイルランドの自社工場から、世界中の研究者に高品質なフィルター製品をお届けしています。

メルク株式会社

メルクミリポア ラボジャパン事業本部 バイオサイエンス営業部
リサーチセールスグループ
〒153-8927 東京都目黒区下目黒1-8-1 アルコタワー5F
製品の最新情報はこちら www.merckmillipore.jp/bio
お問合せ▶On-Line:www.merckmillipore.jp/jpts Tel: 0120-633-358 Fax: 03-5434-4859

Merck Millipore is a business of MERCK

gibco

Gibco™ ブランドの血清

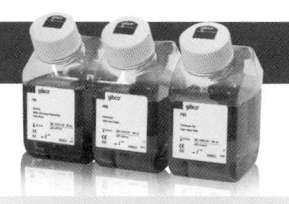

Gibcoの血清は、世界の科学雑誌で最も多く引用されています*

- 全てのFBS文献の **45%で引用**
- **10万7千以上**の引用文献

Gibcoブランドは品質に自信があります

- **最大65** 品質試験を各バッチで実施
- **毎年100件以上** の顧客監査を実施
- 原料採取から製造に至るまでをトータル管理
- 2014年2月から有効な国際血清産業協会(ISIA)トレーサビリティ証明書を取得しています。

詳細は www.thermofisher.com/fbs をご覧ください。

*期間：2006-2013 Percepta 調べ (2013)

研究用にのみ使用できます。診断目的およびその手続き上での使用は出来ません。記載の社名および製品名は、弊社または各社の商標または登録商標です。
標準販売条件はこちらをご覧ください。www.thermo sher.com/TCFor Research Use Only. Not for use in diagnostic procedures.
© 2015 Thermo Fisher Scientific Inc. All rights reserved. All trademarks are the property of Thermo Fisher Scientific and its subsidiaries unless otherwise specified.

サーモフィッシャーサイエンティフィック
ライフテクノロジーズジャパン株式会社
本社：〒108-0023　東京都港区芝浦4-2-8　TEL：03-6832-9300　FAX：03-6832-9580
facebook.com/ThermoFisherJapan　@ThermoFisherJP

ThermoFisher SCIENTIFIC

Brooks LIFE SCIENCE SYSTEMS

凍結細胞の品質保護
-190℃ 細胞自動保管庫

**全環境ガラス化温度以下で管理
安全・迅速な細胞入出庫**

- 保管スペースは-190℃環境（気相保管）
- 入出庫時には、細胞を-135℃以下に維持
- 作業者と液体窒素を完全隔離
- クライオボックスを約1分以内に入出庫
- ユーザーアクセス制限

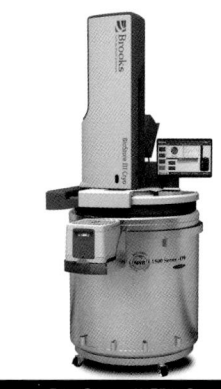

BioStore™III Cryo

ブルックス・ジャパン株式会社　ブルックス ライフ サイエンス システムズ事業部
〒222-0033　横浜市港北区新横浜3-8-8 日総第16ビル　TEL：045-477-5570（代表）　e-mail:blss.japan.sales@brooks.com
掲載の内容は2015年9月現在のものです。掲載の製品については、予告なく仕様等を変更する場合があります。

Lonza

月に1回のマイコチェック！

～ 使用されている細胞株の品質は大丈夫ですか？ ～

- 細胞株の **15-35%** で**汚染**が確認
- 実験結果の信頼性、再現性および一貫性に**重大な影響**を及ぼす可能性がある
- 培養細胞の**品質管理の証明**が Cancer Research, J. of Molecular Biology などへの投稿時に必要

細胞も定期検診を

MycoAlert™ マイコプラズマ検出キット

- アッセイ時間：たったの **20分**
- 検出種類：**44種以上**確認済
- 検出対象：低いマイコプラズマ汚染レベル **[50 cfu/ml未満]** へも検出可能

製品番号	製品名	サイズ	価格(円)
LT07-118	MycoAlert™ マイコプラズマ検出キット	10回	26,900円
LT07-218		25回	50,300円
LT07-418		50回	71,000円
LT07-318		100回	120,000円
LT07-518	MycoAlert™ アッセイコントロールセット	10回	25,900円

ロンザジャパン株式会社 バイオサイエンス事業部

〒104-6591 東京都中央区明石町8-1 聖路加タワー 39階　TEL：03-6264-0620
website：http://www.lonzabio.jp/　E-mail：bioscience.sales.jp@lonza.com